提供：シャッターストック

［1］こんどの休暇はどちらへ?

ローズガーデン、動物園やミュージアム、山や湖も……
盛りだくさんの道路標識に心踊るまち、
ここはポートランド。全米でもっとも環境にやさしい、
美しいまちと言われています。
LRTをいち早く導入した都市でもあります。

コンパクトシティが紡〔つむ〕ぐ

写真はアメリカ西海岸オレゴン州のポートランドの都市部の道路標識。
各種の機能が、コンパクトに集積されていることを物語っています。

[2] 大都市の人とまちのつなぎ方

「…坩地」です。その中心に位置する渋谷駅周辺の再開発は、地下と地上をひとつの動線で結ぶアーバン・コアがキーワード。人々の移動の拠点となります。

Good morning. Have a pleasant day.

©Shibuya Hikarie

撮影：（株）エスエス
走出直道

渋谷駅周辺、北西面の航空写真。渋谷スクランブルスクエアの竣工時（2019年）
→P.100

撮影：（株）エスエス

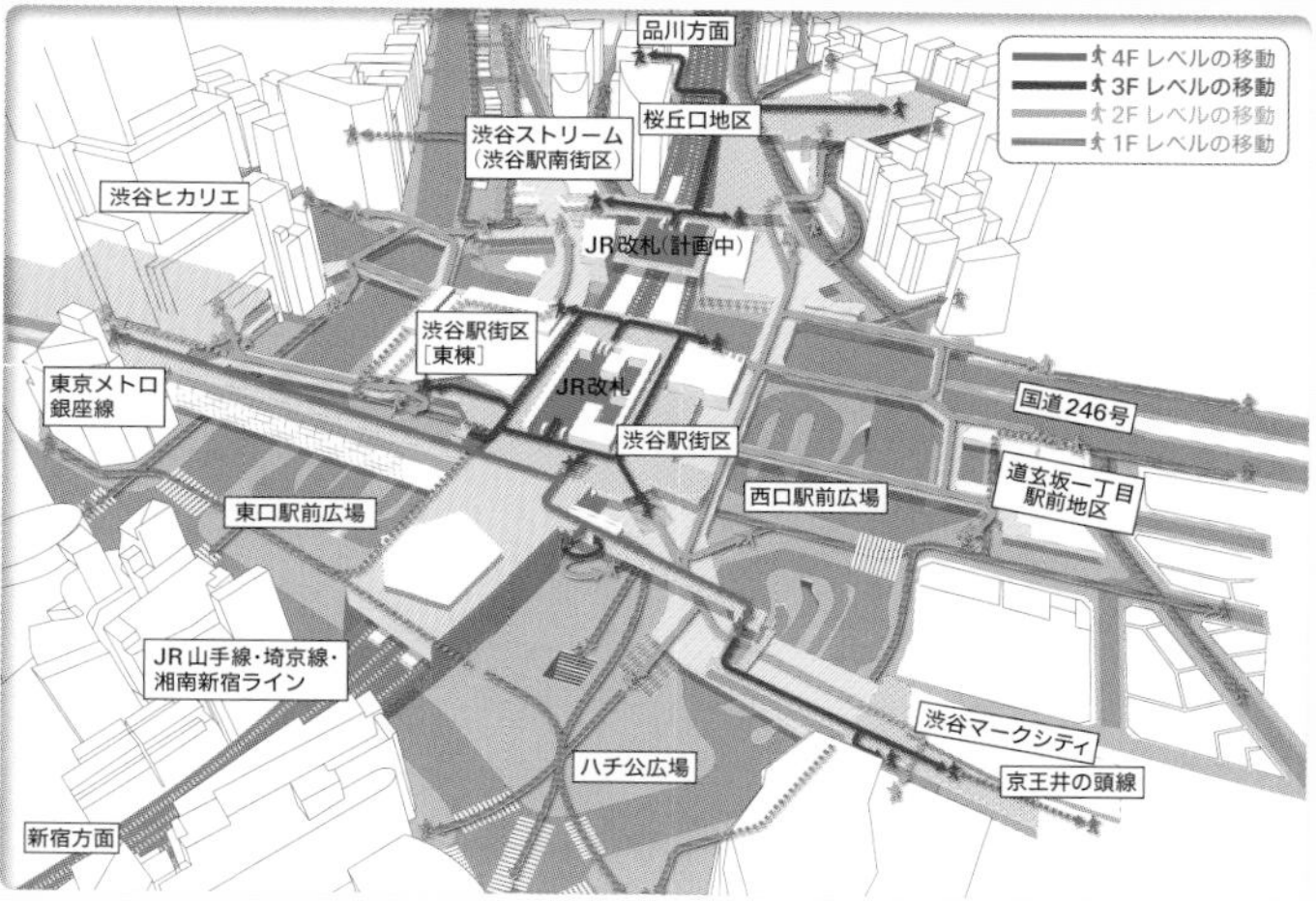

渋谷駅周辺デッキ

提供：東急株式会社

[3] 地方都市をコンパクトに

[駅まち一体化] 姫路市／延岡市

上▶姫路駅と姫路城を結ぶ大手前通り。古くからの商業の中心地としてのにぎわいを取り戻そうと、駅周辺の再開発により駅前には旧広場の2.5倍規模の広場が生まれています。→P.102
提供：ピクスタ
下▶宮崎県北部の中心的な都市である延岡市の延岡駅。2018年、多目的な機能・空間を備えた駅前複合施設encrossがオープンしました。→P.108

撮影：エスエス九州支店

開放的なエントランス

「サクラマチクマモト」概要
シンボルプロムナードは熊本城へ続く歩行者空間です。→P.111

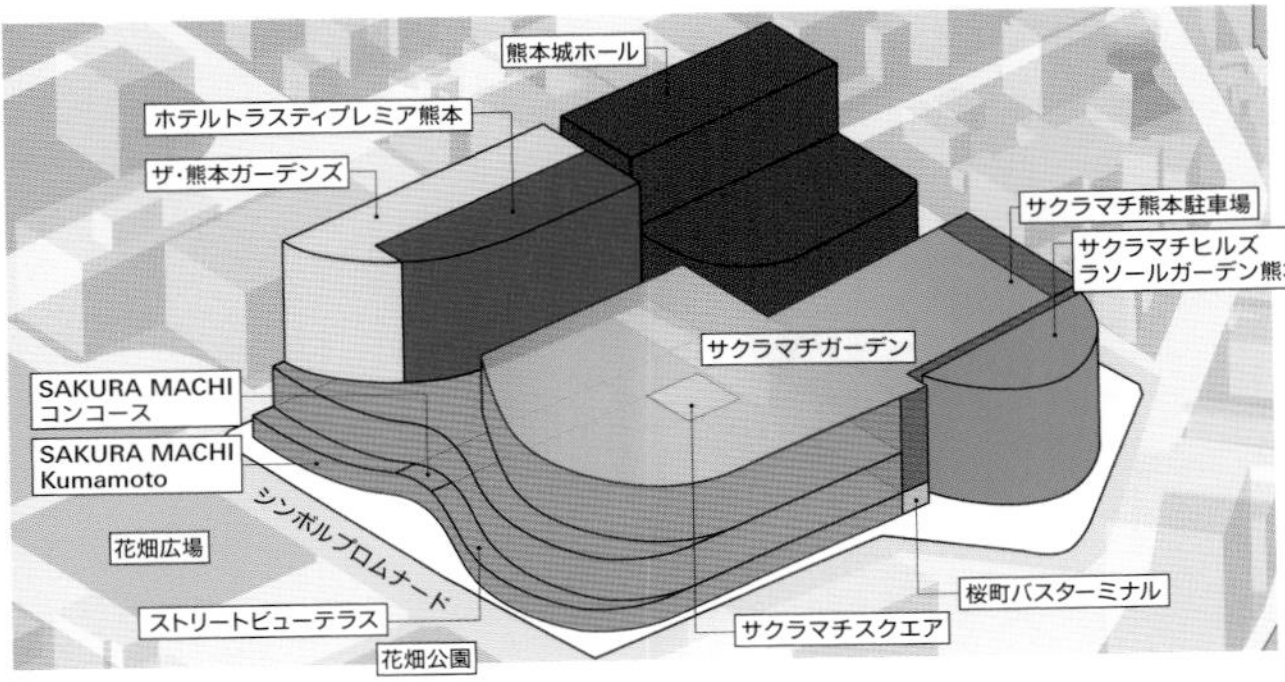

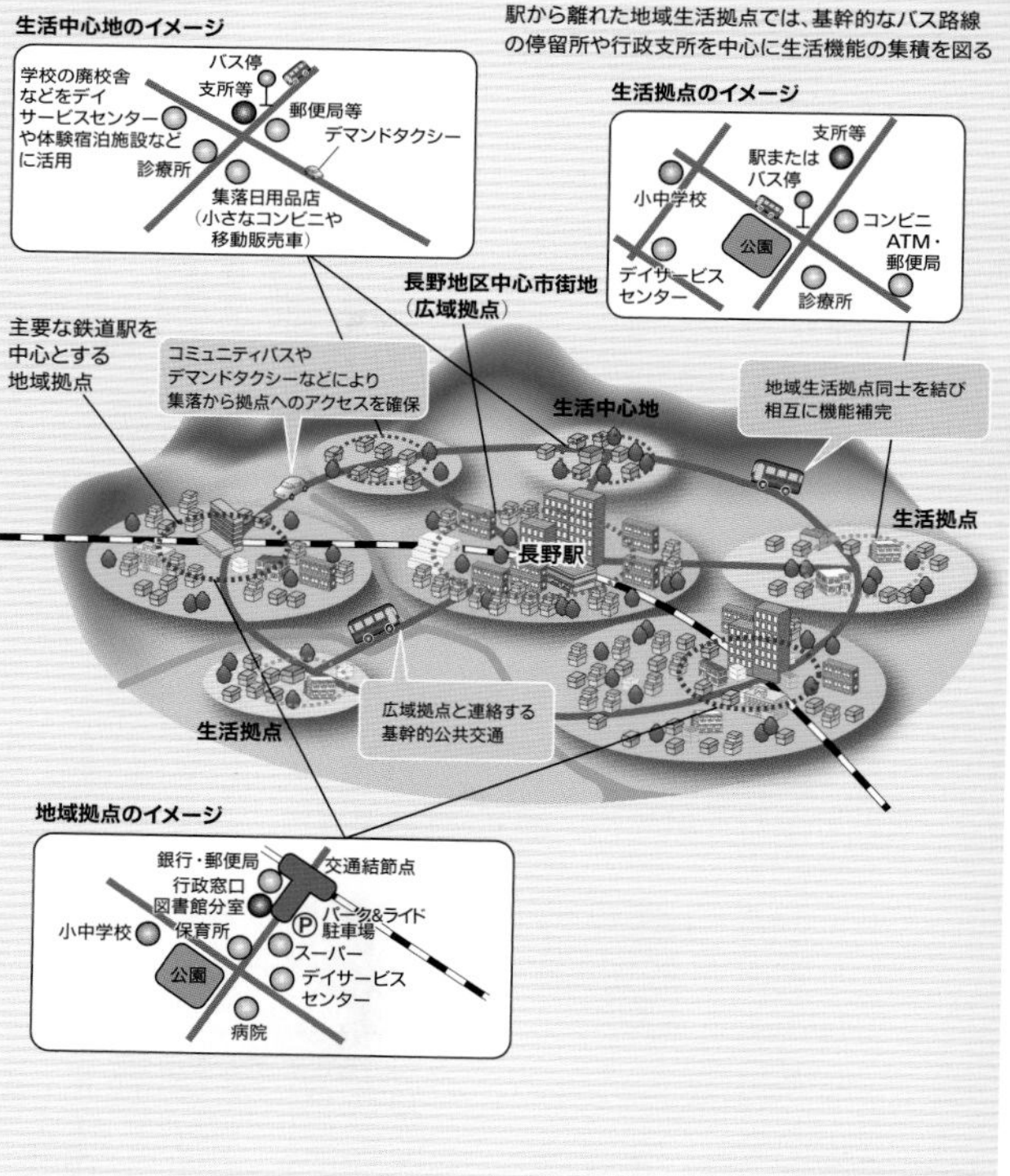

長野市の都市計画マスタープラン（2017年）では、長野駅を中心とする広域拠点と、市内の地域の中心となる地域拠点、身近な生活拠点など、性格や役割が異なる拠点を設定したコンパクトな都市構造としています。→P.087

[5] 歩きたくなるまちづくりのために

不動産周辺環境の評価指標——"Walkability Index"を開発。徒歩で行ける範囲に都市のアメニティがどれだけ集積しているかを評価。日建設計総合研究所が、東京大学空間情報科学研究センター監修のもと、(株)ゼンリン提供の各種データ等を用いて算出しています。

"Walkability Index"のラインアップ(例)

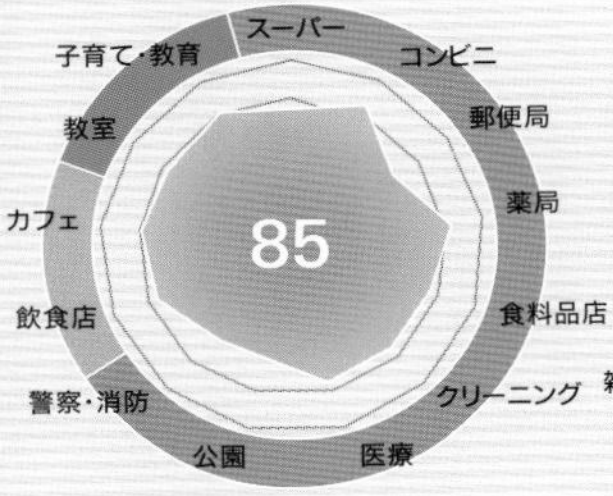

[住宅系]

住宅向けに特化した指標

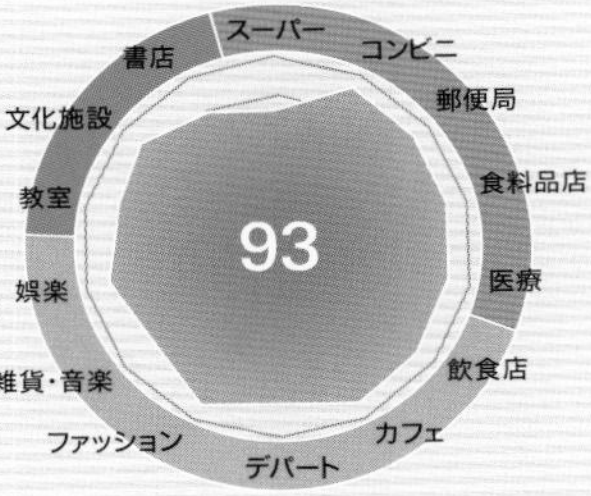

[業務商業系]

業務商業向けに特化した指標

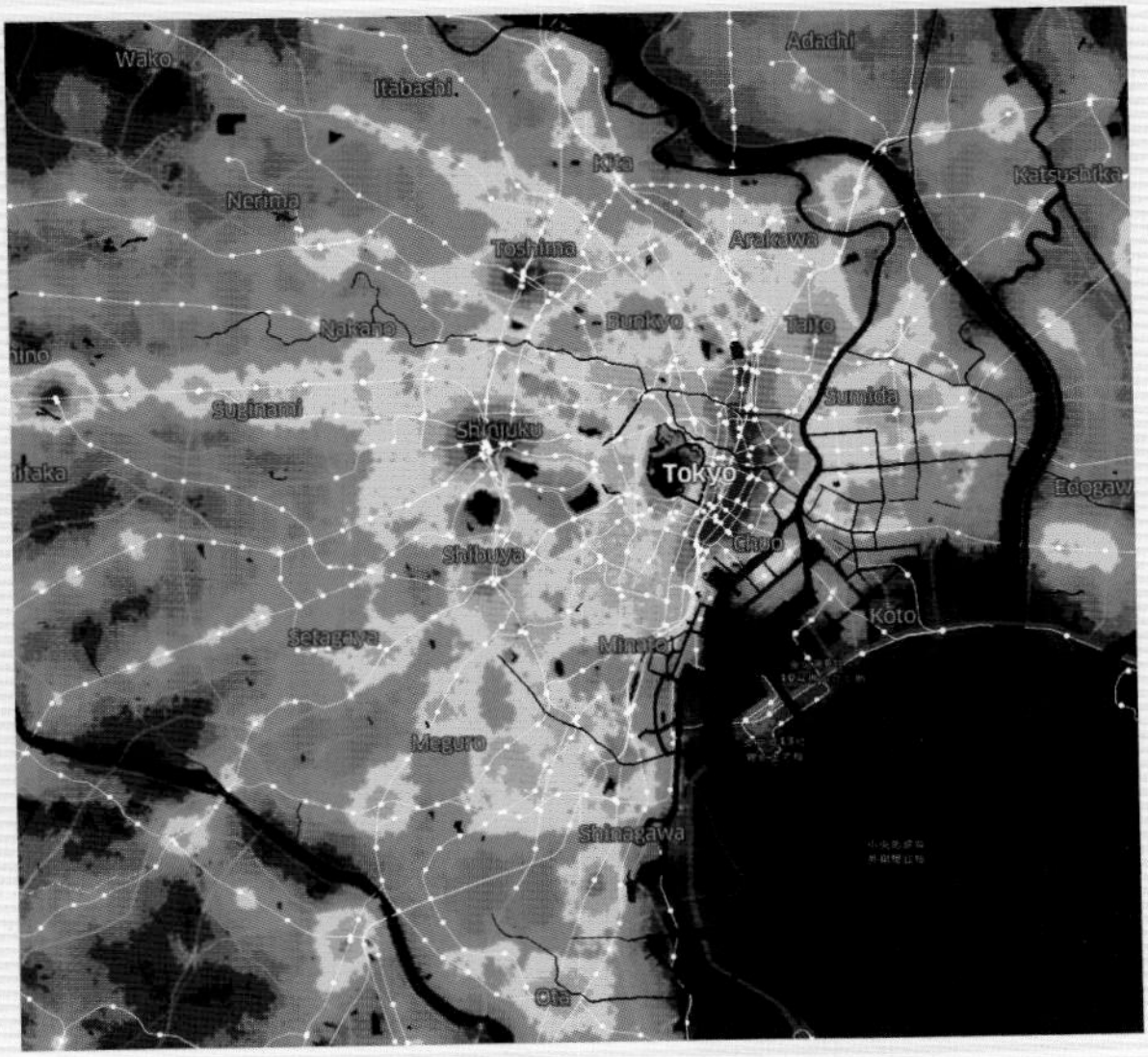

[東京23区の徒歩での生活しやすさ]

都心部や新宿、渋谷、池袋などのターミナル周辺や中央線沿線など鉄道駅周辺の得点が高い。→P.164

上▶松山市の大街道商店街。開閉できるアーケード屋根の下に幅員15mの空間があり、市民たちはここをまちのリビングのように使っています。→P.114
下▶サンフランシスコの広い歩道で思い思いにくつろぐ人々。2016年頃の撮影。

NSRI選書
005
暮らしてみたいまちづくり
コンパクトシティはどうつくる?
竹村 登
［NSRI 日建設計総合研究所］●著
工作舎

［刊行に寄せて］

明日の都市へ向けて

饗庭 伸

本書の準備が進められていた二〇二〇年の前半、世界は新型コロナウイルスに翻弄された。いわゆる「3密」（密集、密着、密閉）を避けることが徹底されたが、「密度」は常に都市計画の課題でもあった。我が国においても、一五〇年前に近代化が始まってから、明治期には大都市に人が集中し過ぎて不衛生なスラムがたくさんできてしまったし、災害や大火は密集した都市の脆弱性を絶えずあぶりだした。過度な密度＝過密をどう抑え込むかが近代都市計画の使命であった。

そこではどういう方法が考えだされたのか。オスマンによる一八五〇～六〇年代のパリ改造は、過密都市に街路整備によってメスをいれ、過密を改善するという方法だった。一八九八年にハワードによって提唱された田園都市は、過密な都市から離れたところに理想的な密度を持った新しい都市をつくるという方法だった。一九二四年のアムステルダム国際都市計画会議で提唱されたグリーンベルトは、都市の外縁に緑地帯を設けて、それ以上は過密な都市が拡大しないようにするという方法だった。

一八八八年の東京市区改正条例、一九一九年の都市計画法にはじまる日本の近代都市計画も、これらの方法を取り入れて過密を抑え込もうとした。それは順調だったわけではない。最初にうまく導入されたのは街路整備であった。土地区画整理によって個人が所有する土地を減らしたり入れかえたりしながら街路を整備する方法が考え出され、一九二三年の関東大震災をきっかけとして各地に広がっていくことになる。グリーンベルトは、幾度かの試みがなされたものの結局は実現することがなく、その役目を一九六八年に創設された「線引き」に譲ることになる。都市を市街化すべき区域とそうでない区域にわけ、開発を制御する方法である。そして戦前からの何度かのケーススタディを経て、田園都市があちこちで実現するのは一九六〇年代になってからである。

一九九〇年代から提唱されているコンパクトシティも、これらの方法の系譜に位置付けられるものである。しかしはっきりと異なるのは、これまでが増え続ける人口、膨張し続ける都市の過密をなんとか制御しようという方法であったのに対し、人口が減少し、都市の密度が何もしないでも下がっていく状況に対して提出された方法であるということだ。街路整備、グリーンベルト、線引き、田園都市、いずれの方法も単純明快でわかりやすい方法であった。あっという間に広がっていく都市に対して、対策は急を要するので、方法は単純で、誰にもわかりやすいものでなくてはならない。この単純さは必然であった。しかし、これから先は過密だけでなく、下がりすぎる密度（＝過疎）も気にしなくてはならない。すでに作り上げられた市街地はゆっくりと変化し、その変化は一様ではない。単純さに対する複雑さ、きめの細かさが必然ということになる。そこでは「コンパクト」という言葉は、単純に「高密度」という意味ではない。それは「場所に応じた適切な密度」という意味であり、適切な密度を探り出し、そこに向かって都市を整えていくことが「コンパクトシティ」という方法である。そしてそれは政府だけによって担われるのではなく、市場やコミュニティによっても担われるものである。

さて新型コロナウイルスは、密度について、一筋縄ではいかない、実に難しい問題を私たちに突きつけている。感染を広げてしまわないよう、行動のルールが書き換わったが、それは、人と人の距離は一・八mくらい、不特定多数の人と同じ空間にいることは避け、特定の、それぞれが感染していないという信頼を持てる程度の大きさの集団の中に閉じこもることがよいということだった。仕事をできるだけ遠隔で済ませ、公共機関を使って移動するのは「エッセンシャルワーカー」と呼ばれる医療従事者や警官、教師、流通業者のみ、ということらしい。これだけの条件を列挙するだけで、これまでの密度のあり方が大きく変わってしまったことがわかるだろう。そこには格段に複雑な空間の使い方、つくり方が要請されているのである。

しかし素晴らしいことに、私たちはこの課題を、現在の都市を使って少しずつ解き始めている。法による乱暴な規制と、自分たちによる自発的な制度の組み合わせによってである。公共交通の密度は下がり、微妙な距離をおいての会話にも慣れてきた。ＳＮＳやビデオ通話を使って仕事も進められるようになった。さらに伝染病だけではなく、急激な高齢化、急激な人口の偏在、気候変動によって巨大化する風水害、突然に襲ってくる地震など、沢山の脅威に対して、私たちはその複雑な課題をやはり解き始めている。こういった行為を全てひっくるめたものが、コンパクトシティをつくるということである。

コンパクトシティという方法は、当初はグリーンベルトや線引きと同じように、単純な方法として、多くの人たちに受け止められた。しかしその当初の受け止めに反して、期せずしてたくさんのことが起こってしまい、複雑な都市のあり方を整えるための複雑な方法になってしまった。そして「コンパクトシティはどうつくる?」と題された本書は、ここ三〇年間のコンパクトシティの豊かな試行錯誤を体系づけたもので、まさにその複雑さに展望をつけるものとして読むことができる。本書に示されたたくさんのアイデアを組み合わせ、空間に埋め込み、私たちにとって最適な密度をチューニングしていく、このことが明日の都市をつくることにつながっていくのである。

二〇二〇年九月

[あいば・しん　東京都立大学 都市環境学部 都市政策科学科教授]

コンパクトシティはどうつくる?——暮らしてみたいまちづくり［目次］

プロローグ

「コンパクト」を意識して三〇年

「コンパクトシティ」の言葉を意識しはじめたのは一九九〇年代後半のことでした。当時の受託業務であった長野市都市計画マスタープランに「コンパクト」の言葉を使い、「誰もが自由に行動できるコンパクトでバランスのとれた都市づくり」を、目標の一つに掲げました。

そもそもコンパクトシティとは、高齢者や障害のある方なども、すべての人が自由に安心して活動できるコンパクトな市街地整備を意図するものです。当時は、まだ「コンパクトシティ」という言葉は都市計画でも一般的ではなく、説明を求められることも多かったと記憶しています。日本で「コンパクトシティ」という言葉が頻繁に使われるようになったのは今世紀に入ってからだと言われています。

いまさらながら「コンパクトシティ」とは何かと自問自答します。

地域特性や市街地の形成経緯、人口動向などによって、まちづくりのめざす方向は異なるので、「コンパクトシティ」の定義は一律ではありません。とはいえ、なぜこのあいまいなワード「コンパクトシティ」は世の中にじわじわと浸透してきたのでしょう。

本書では、「コンパクトシティ」という言葉をキーワードに、本格的な人口減少、超高齢社会、そして地球規模の温暖化対策、地震や水害、感染症などの都市リスクへの対応が求められる日本の都市における将来の処方箋を考えてみます。

この本の原稿を書こうと着手してから、実は三年が経ってしまいました。仕事の合間に執筆することになり、原稿は遅々として進みませんでした。二〇二〇年を機に、さすがに仕上げに取り掛からねばと思っていました。ところが、予想だにしなかった事態に世界が呑みこまれていくではありませんか。新型コロナウィルス感染症の流行です。

三月、東京はすでに新型コロナウィルスの脅威にさらされ、四月には全国に緊急事態宣言が発令され、「三つの密」を避け、不要不急の外出は控え、仕事はできる限り自宅でという要請がなされました。私自身、緊急事態宣言期間は完全な在宅勤務という、かつてない経験をしました。

集まって住み、働き、高密度な都市空間がイメージされる「コンパクトシティ」は、「密」を避けなければならない感染症対策からはネガティブにとらえられるかもしれません。

一方で、コロナ禍の中、梅雨の大雨で九州をはじめ各地で大規模な水害が発生し、熊本県では老人ホームなどが大きな被害を受けました。前年も台風による大雨で埼玉県でも同様に老人ホームに被害があったことが思い出されます。両者とも、ハザードマップで浸水が想定されるエリアに立地していました。近年、頻発する水害に関して、このようなリスクが高いエリアでの住宅や重要施設の立地の是非があらためて議論されています。「コンパクトシティ」は、感染症や災害のリスクにも対応できる都市形態であることが求められています。「コンパクトシティ」は饗庭氏が巻頭言で述べられているように、感染症を含め、高齢化や災害などの脅威に対して、つまり、より複雑な課題を解く都市形態であらねばなりません。私がほぼ三〇年間にわたり取り組んできた「コンパクトシティ」の在り方も、新たな視点を加えて語られる必要があります。

夏を迎えてもなお続くコロナ禍の最中から私なりに三〇年を振り返り、まちづくりの観点から今を考えていくこととします。

現在は過去の積み重ねの上にある、先人たちの思索や努力を受け継いで今があります。二〇年前には想像の領域でしかなかったこと、想像すらしなかったことが、現在ではあたりまえになっていたりするものです。

都市計画もまた二〇年先、いやもっと先を見すえて、望ましい都市の姿を描きながら計画されてきました。遠い将来の生活像を正確には把握できませんが、人口減少と高齢化は多くの識者が指摘しているように、確実性の高い日本の将来像であり、誰もが感じている不安要素にほかなりません。

都市づくりは、お上《かみ》が計画して実施するものではなく、そこで暮らし、働き、学び、そこを訪れる人たちが快適と感じ、楽しく過ごせるよう、都市に関わるすべての人が力を合わせ、つくり上げていくものだと思います。

さまざまな製品やサービスは、ユーザーのニーズや声を反映して、より洗練されていきます。ユーザーも製品などをよく理解することで、その機能を最大限享受できるようになります。都市も同様に、その都市のユーザーの声を反映していくことが重要です。ただし、ユーザー個々の言うことばかりに耳を傾けていては、皆にとって良い都市にはなりません。誰もが都市を理解して、どうすれば快適なまちになるかを考えてこそ、望まれる都市の実現につながります。

最近、小・中・高など学校教育の場では、アクティブラーニングが注目され、自らの地域の課題を解決する学習にも取り入れられつつあります。これからさまざまな活動を繰り広げながら暮らしていく若い世代が、次の世代にも引き継がれる都市を考え、つくりだし、活かしていくことが大切であると考えます。

本書は、都市計画の専門家というより、むしろそのような若い人たちや、今の都市が抱える多くの課題に積極的に向き合おうとする人たちへ向けて、私が携わってきた都市計画の経験をとおしてまとめたものです。ここに指し示す将来像が、現代に生きる私たち一人ひとりにとって、少しでも暮らしの不安を和らげ、明るい未来への道標となることを望みます。

第1章

どうなる、日本の近未来の都市

1.1――人口減少が進む日本

●進捗状況を冷静に把握する

ここしばらく日本では、「人口減少」が問題視されています。新聞やテレビのニュースでも頻繁に取り上げられるように、日本の人口は、二〇〇八年の一億二八〇八万人前後をピークに、その後は継続して「人口減少社会」に突入しています。

人口増加が現在もなお続いている東京に住んで暮らす私には、この一〇年ほどの連続的な人口減少の実感はまったくと言っていいほどありません。地方都市や中山間地域では、ずいぶん以前から人口減少が続いています［図1-1］。

都市が、人口や多様な機能が集積し、経済活動が営まれ、利便性が高く、さまざまな交流が展開する場であるとするなら、都市における人口減少は、人が生活したり活動するうえで必要となるさまざまな需要の減少につながります。たとえば人口減少により、お客が減ることで最寄りの店舗などの閉店や撤退が相次いだりします。また地方で暮らす人々にとっては、昔からのお祭りをはじめとする伝統行事が担い手不足で消滅しかねないなど、人口減少はより身近な問題として感じられるのではないでしょうか。

都市計画やまちづくりに取り組むうえで、人口減少が重い課題であることに変わりはありません。しかし、事態は大きく転換しつつあることも事実です。

これまでの自治体での人口減少問題は、高度経済成長期に見られたように、地方から大都市、とくに東京圏への若い人を中心とした就学や就業がきっかけとなっていました。大都市への人口集中という国内での人口移動に原因があったのです。しかし、これから迎える日本全体に及ぶ人口減少社会は、都市の大小にかかわらず、私たちの生活にさまざまな影響を及ぼすものと予測されます。

国立社会保障・人口問題研究所は、五年ごとに実施される国勢調査の結果を踏まえて、日本の将来の人口を定期的に推計しています［図

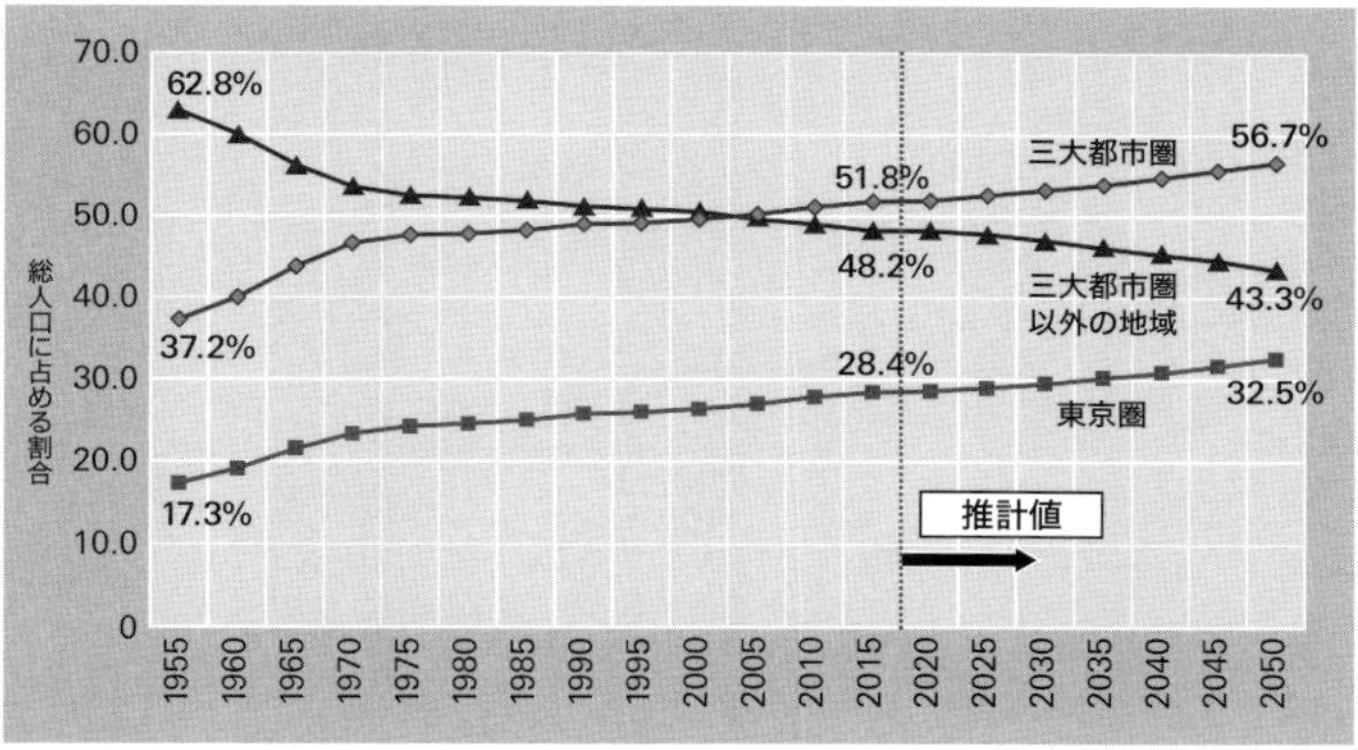

［**図1-1**］三大都市圏および東京圏の人口が総人口に占める割合
出典：総務省統計局「国勢調査」及び国土交通省「国土の長期展望」中間取りまとめをもとに、総務省市町村課にて作成。

1-2]。二〇一九年に公表された将来人口推計によると、二〇五三年には、日本の人口は一億人を割り込み、二〇六五年には八八〇〇万人と、現在の七割程度にまで減少することが予測されています。

現時点の予測では、二〇四〇年の日本の推計人口は一億一千万人、この人口規模は一九七〇～七五年当時と同じです。それほど昔ではない頃に、同じ人口で日本の高度成長を支えていたことになります。しかし、高度成長期と現在では決定的な違いがあります。それは、全人口に占める高齢者の割合です。高齢者の人口がピークを迎えつつある二〇四〇年は、全人口に対する六五歳以上の割合（高齢化率）は三五％（一九七五年は七・九％）となり、三人に一人は高齢者となります。高齢者の人口のピークは二〇四二年とされており、その後は高齢者の絶対数は減りますが、総人口も減るので高齢化率は以後も増えていきます。

人口減少と高齢化はダブルパンチとなって、経済面だけでなく、大都市、地方都市のまちづくりに大きな影響を与えることになります。

●都市消滅の危機なのか

日本全体で人口が減少するとどうなるのでしょう。

二〇一四年に元総務大臣の増田寛也氏を座長とする「日本創成会議」が発表したレポート（い

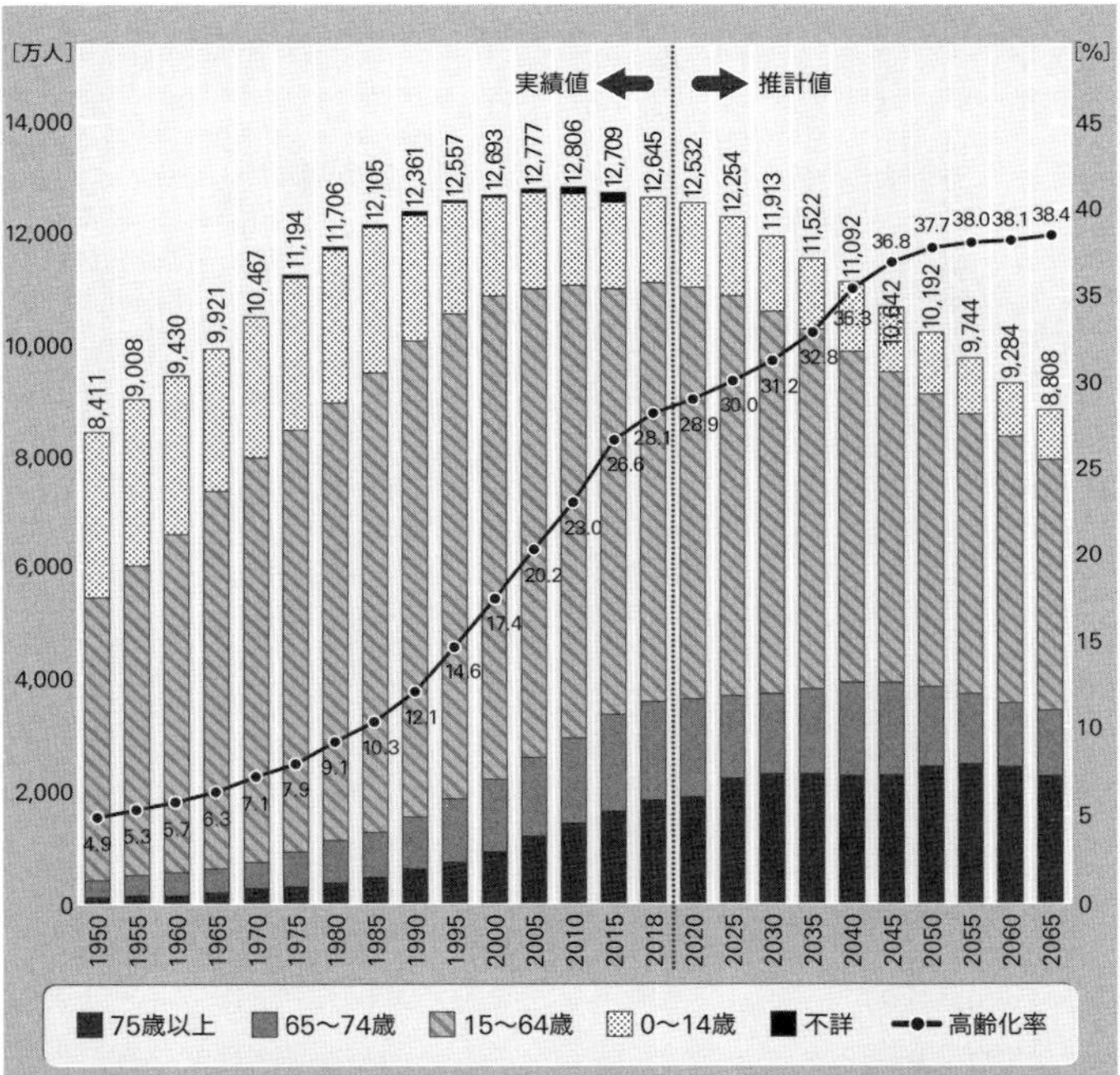

2015年までは総務省「国勢調査」、2018年は総務省「人口推計」（平成30年10月1日確定値）、2020年以降は国立社会保障・人口問題研究所「日本の将来推計人口（平成29年推計）」の出生中位・死亡中位仮定による推計結果。

［**図1-2**］日本の人口の実績値と推計値

出典：令和元（2019）年度版高齢社会白書、内閣府

わゆる「増田レポート」）が、人口減少によって八九六の自治体が消滅の危機にあると警鐘を鳴らし、全国の自治体に衝撃を与えました。ちなみに増田氏は、一九九五年から三期にわたり岩手県知事を務めた政治家です。

「地方消滅」というショッキングな論議が、政府の「地方創生」を加速させたのは間違いないと思われます。この増田レポートでは、二〇四〇年時点で二〇〜三九歳の女性人口が減少し、出生数が減っていき、自治体で人口が一万人を切ると、自治体経営そのものが成り立たなくなるという、いわゆる「消滅可能性都市」という位置づけです。「地方消滅」というと、その地域から住民が消滅していくかのように捉えられかねませんが、そうではなく、自治体経営が破たんすることに警鐘を鳴らしているのです。

増田レポートでは、東京の一極集中を解消し、大都市から地方への人口移動を促す必要性が論じられていますが、ことはそう単純ではありません。

これまでの人口減少は、山間部の限界集落や地方小都市での衰退といった観点から議論されてきました。ちなみに限界集落とは、過疎化などで集落の人口の五〇％以上が六五歳以上の高齢者になり、冠婚葬祭などを含む社会的共同生活やコミュニティ維持が困難になりつつある集落を指します。しかし、これからの人口減少は、地方中核都市、大都市近郊、そして都心にも関わる、日本全体の問題にほかなりません。

1.2——超高齢社会の到来がもたらす難問

●世界一速い日本の超高齢化

保健衛生の向上や医療技術の進歩により、現在の日本は、人の平均寿命が延び長寿社会となっています。一方で、社会・経済状況の変化や未婚化・晩婚化による少子化が進み、これらがセットになって「少子高齢化」と表されるようになりました。日本は一九八五年以降、急激に少子高齢化が進行し、二〇一〇年時点でドイツを抜いて世界一位の高齢化国となりました。高齢化の一層の進行は、都市を持続させていくうえで考慮しなければならない課題です［図1-3］。

高齢化率が七％を超えると「高齢化社会」と言われ、日本は一九七〇年に七・一％、一九九四年には一四・一％と、二四年間で七％台から二倍の一四％台となりました。この二四年間に対し、ドイツでは四〇年、イギリスが四六年、スウェーデンが八五年、フランスが一二六年ですから、日本の高齢化速度が非常に速いことがわかります。

高齢化率が二一％以上となると「超高齢社会」と位置づけられ、日本では二〇〇七年に高齢化率二一・五％となり、超高齢社会に突入してすでに一〇年以上が経っています。

高齢化は、勤労者の減少による税収減や医療福祉費用の増大などの経済状況の悪化を引き起こします。それればかりか、人口減少や都市構造の変化と相俟って、高齢者の「買い物難民」の発生、認知症、高齢者の誤運転による重大事故の頻発など、深刻な状況をつくりだしてもいます。また最近、取り上げられることが多くなった空き家の増加による都市のスポンジ化も、高齢化社会がもたらした一つの現象といえます。

◉日常生活が困難となる高齢者の増加

高齢化が進み、買い物難民という問題がクローズアップされ始めています。人口減少による需要の減少に加え、自動車利用が前提の郊外型店舗の増加による地元の商店の衰退も一つの要因です。また既存商店街での店主の高齢化による廃業などで、身近な食料品小売店舗が減少していることも事実です。さらに公共交通の縮小や撤退から、いわゆる「フードデザート（食の砂漠）」「買い物難民」「買い物弱者」といわれる問題が顕在化しています。

筆者である私は、大阪と京都の府境に位置する郊外都市で生まれ育ちました。自宅の近くには、昭和四〇年代に日本住宅公団（現在のUR都市機構）が中心になり建設された比較的大きな住宅団地があります。五階建ての集合住宅が立ち並び、団地の中心部には、いくつかの店舗が集積する街区が配置されており、スーパーマーケットを核として、理髪店、書店などの小規模な店舗もありました。私が小学生の頃にオープンしたこれらの施設には、マンガ週刊誌を買いに

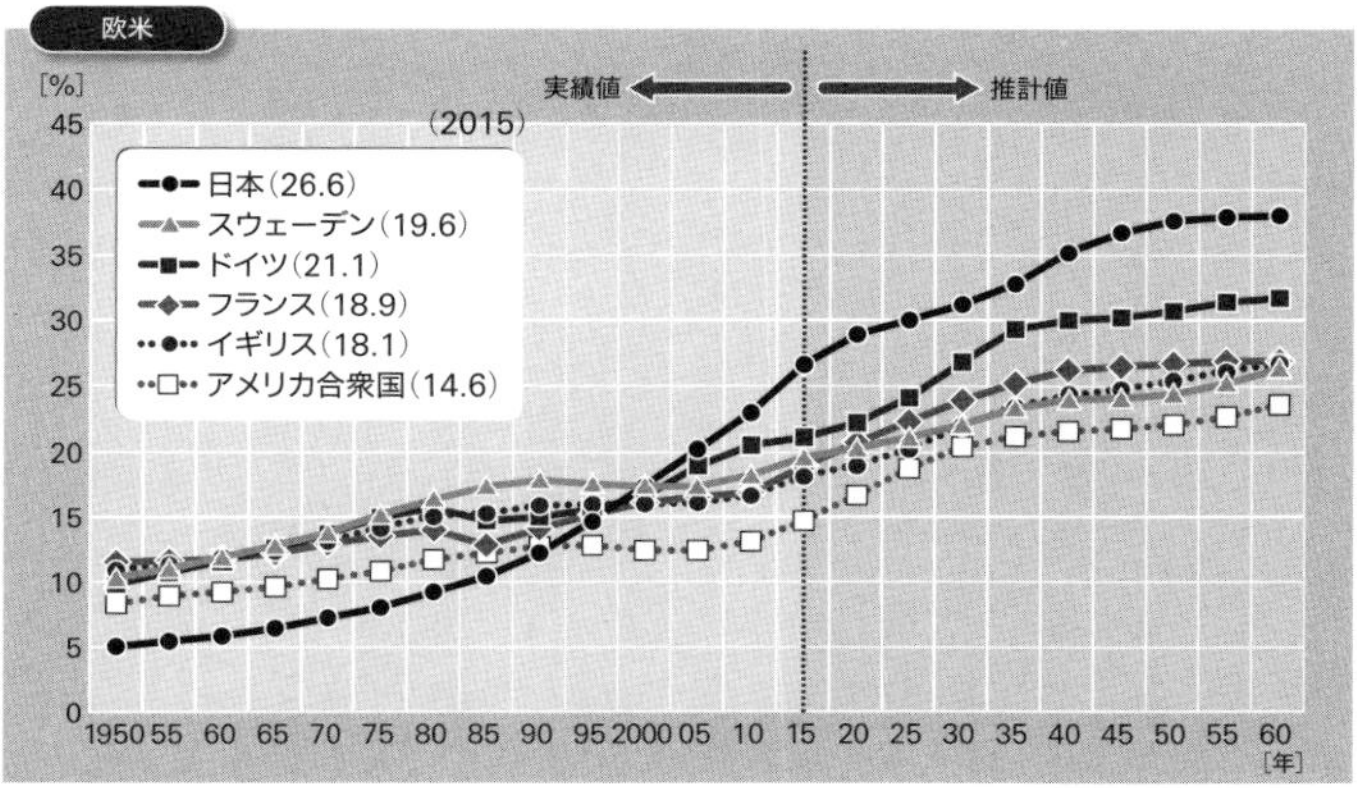

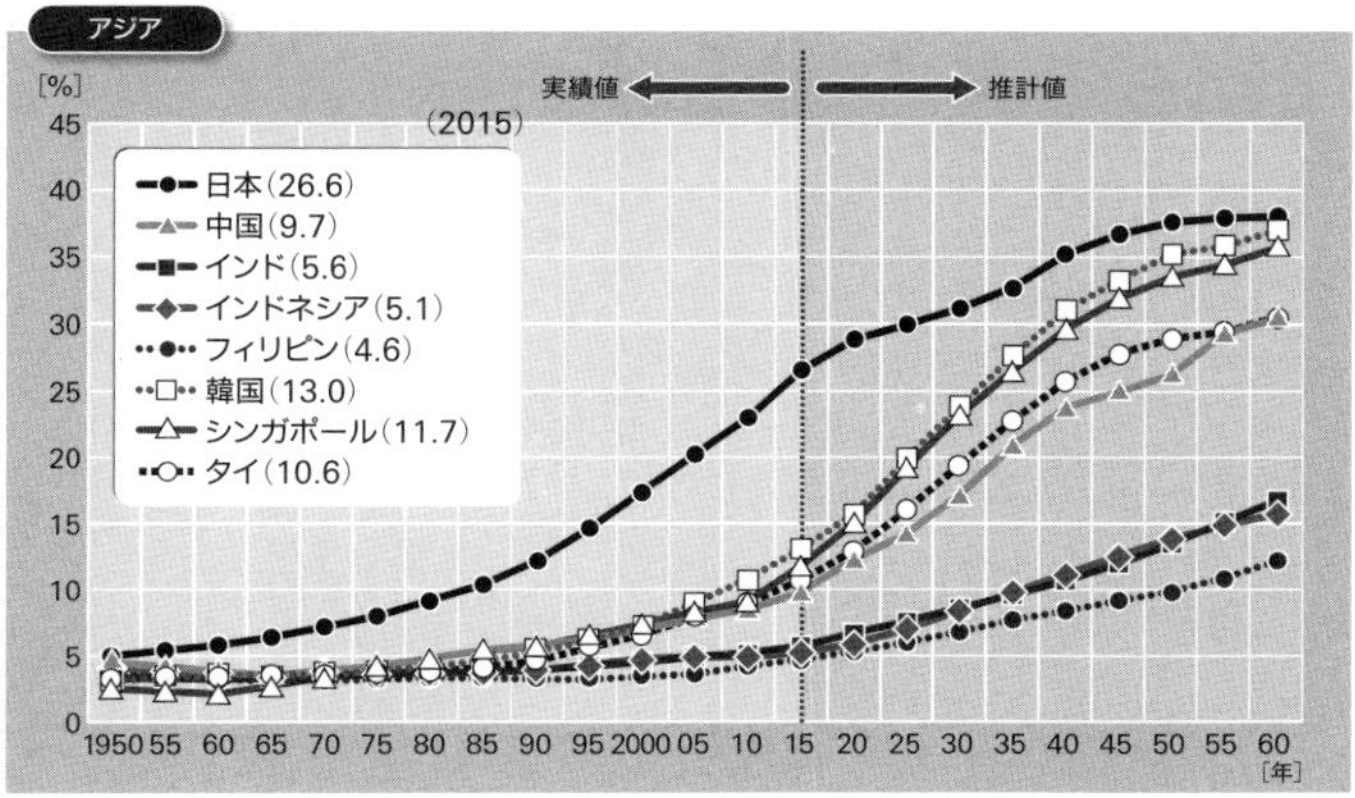

[**図1-3**] 世界の高齢化率の推移
出典：令和元年度版高齢社会白書、内閣府

よく通ったものでした。団地には、多くの若いファミリー世帯が入居し、子供たちが遊ぶ声が板状のアパートに反響して、にぎやかで若々しい雰囲気があふれていました。

時代は平成へと移り、子供たちは成人して巣立っていきます。しだいに、残された老親たちや高齢者の一人暮らしが目立つようになってきました。居住者の年齢構成の変化や、周辺の商業環境の変化もあり、団地の核となっていたスーパーマーケットや商店は次々に店をたたみ、ここもひっそりと寂しい場所になってしまいました。

私の実家には、高齢の母親が一人暮らしをしていますが、これまで歩いて買い物に通っていた店舗がなくなると大変です。かなりの遠距離にあるスーパーマーケットに歩いて行くか、電車で隣の駅前に買い物に行かなければなりません。開発された郊外によく見られる高台の住宅地であるため、買い物などの外出は、急坂の昇り降りもあり、数年前に心臓手術を受けた老人にとっては厳しく、大変な生活状況にあると言わざるを得ません。

このように、買い物難民の発生は、過疎地域のみならず都市部においても起きており、社会的な課題となっています。とくに自家用車に頼れない、足腰も弱り長距離の徒歩や自転車利用も困難な高齢者には、食料品を購入することもままならず、日常生活に困難をきたすことになります。

そこで農林水産省は「食料品アクセス問題」として対策に乗り出しています。商店街や地域交通、介護・福祉など、さまざまな分野が関係する問題であるため、その改善には、まちづくりや交通などの都市計画と他分野の総合的な取組みが必要です。

●郊外住宅団地の悲劇

地方の中小都市や中山間地では超高齢化は進むが、今後も人口減少が続くなら、高齢人口の絶対数も減少していきます。一方、人口の絶対量が多い大都市では、高齢化の進展により高齢人口が増加を続けます［図1-4］。

かつての高度成長期に地方から都市への人口の移動が進み、核家族化も相俟って、大都市に大量の住宅が供給された結果、団塊の世代を中心に高齢者数が急速に増えることが予想されています。高度経済成長期に一斉に開発された住宅団地では、高齢化が進み、都会の限界集落化が目前に迫り、空き家が多く見られる地区もあります。

高齢化が顕著な住宅団地では、子供の独立や住宅の一次取得者の都心回帰傾向等もあり、人口減少も始まりつつあります。大規模な郊外型団地であれば、近隣センターといった小規模な商店街やスーパー等が立地し、住民の生活を支える拠点が計画的に整備されていましたが、人口減少や自動車利用を前提とした大規模店舗等の団地外での立地が進むことなどにより、団地内の商業店舗は衰退し、空き店舗が目立つようになってきました。

車を自ら運転できない高齢者にとっては、身近な商業施設の消滅は深刻な問題です。郊外の住宅団地は丘陵地に開発されたところも多く、もともとは魅力の一つであった高低差のある地形も、高齢となれば移動の負担となります。入居当時は便利で憧れの「マイホーム」が、時を経て住みづらい場所になっています。

郊外の住宅団地では、核家族世帯から子供の独立等の時期を迎え、高齢者だけの夫婦世帯、あるいは高齢単身者世帯が増えています。このような郊外では、親が亡くなって、子供がその家を相続したとしても、子供たちは他所に住宅を購入(より都心に近い場所に居を構えているなど)しているため、戻って住む気はありません。住まないのであれば、その家を売却により処分することもできますが、郊外の住宅地は地価も低下傾向にあり、中古住宅を売ることもままなりません。このようなプロセスで空き家が発生します。二〇一八年六月二三日の日本経済新聞では、高齢者だけが住む持ち家が東京、大阪、名古屋の三大都市圏に合計三三六万戸あり、同圏内の持ち家全体の二割強に達すると報じられています。

大都市圏の都心部やその周辺でも、同様の問題が生じるおそれがあります。東京や大阪の都心部に隣接する市街地では、木造住宅密集地域(いわゆる「木密地域」)が存在し、これらの地域でも高齢化が進んでいます。木密地域では老朽化した木造住宅が密集しており、道路も狭く、防災や生活環境などのまちづくり上の課題を抱えています。

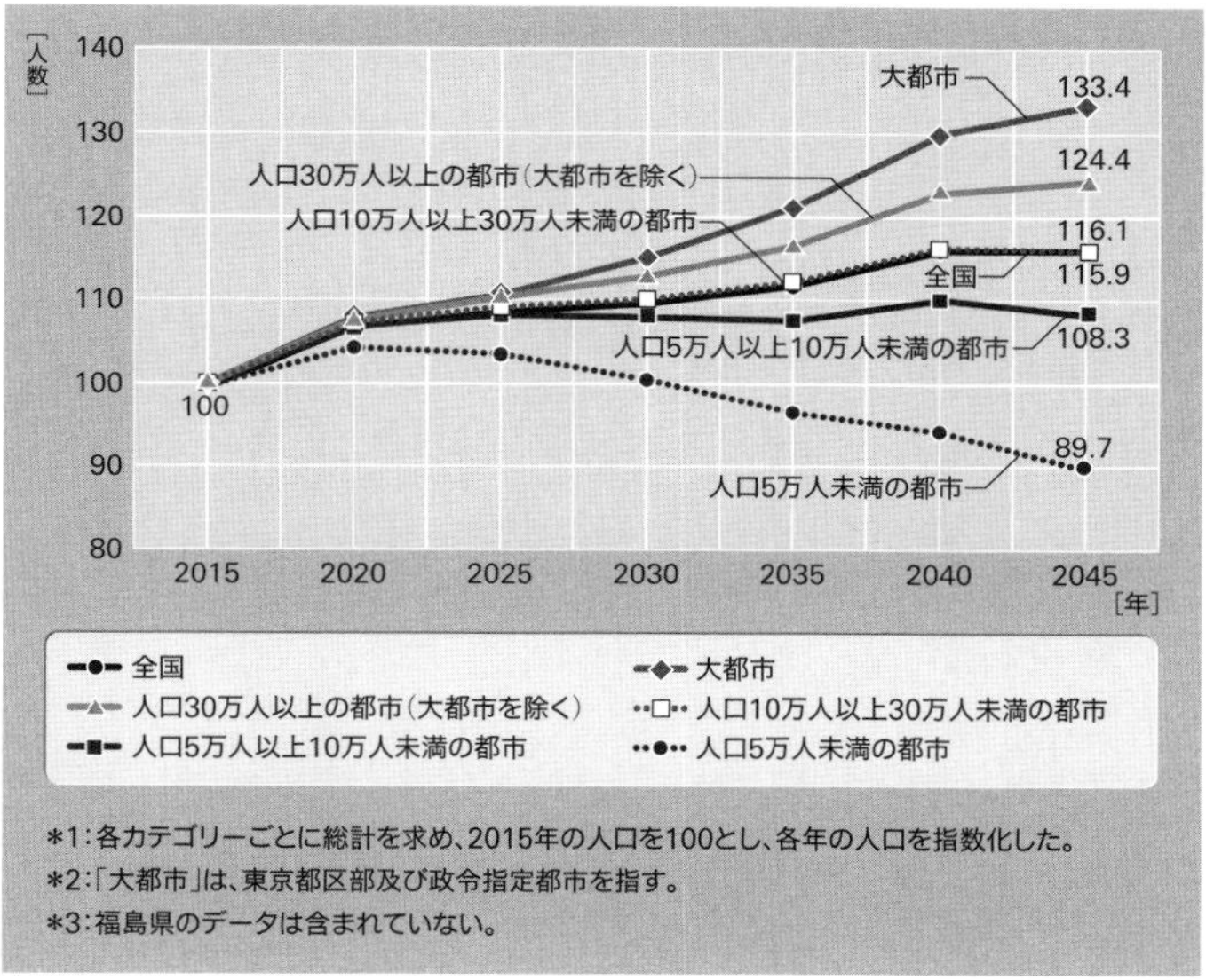

[**図1-4**] 都市規模別にみた65歳以上の人口指数 (2015年=100) の推移
資料:国立社会保障・人口問題研究所「日本の地域別将来推計人口 (平成30年推計)」をもとに作成。

阪神・淡路大震災でも大きな被害をこうむったように、大地震による大火の発生や家屋の倒壊などの被害を防ぐには、木密地域での建替えや共同化などを促進し、それに合わせた道路の拡幅などの整備が必要です。とはいえ、年金暮らしの高齢者にとって建替えや改修は資金面でハードルが高く、「老い先短い私たちはこのままでよい」と、老朽家屋に住み続ける人も少なくありません。大地震発生時に建物の倒壊や火災、そしてその後、家主のいない老朽化した空き家が放置されるという事態も想定されます。

●地方ではより深刻な状況

これは大都市圏の郊外に限った話ではありません。先にも記したように、地方とりわけ中小地方都市では、人口減少および高齢化は大都市に先んじて進んでおり、そうした地方都市でも、住宅地の郊外化、自家用車利用を前提とした商業施設の立地、空き家・空地の問題はより深刻です。

「ファスト風土」という言葉があります。これは、都市の郊外の幹線道路沿いなどに、全国チェーンのファストフード、コンビニエンスストア、スーパーマーケット、ファミリーレストランといったロードサイド型商業施設が立ち並んだ光景と、その結果として中心市街地などの旧来の商店街が衰退していることなどを表す用語です。

自家用車が利用できる人にとっては、広く停めやすい駐車場があって、駐車料金もかからないロードサイド型店舗は、利便性に優れた存在です。子供連れの家族も自家用車があれば、物販・飲食店舗だけでなく、シネコンなどの娯楽施設も併設されているショッピングセンターで一日過ごすことができます。しかし、このような商業施設の増加のかげで、歩いて行くことができる身近な商店がなくなっていき、車が利用できない高齢者などは買い物難民になっています。

こうした現象が、なぜ起きてしまったのでしょう。その一因は自家用車の普及にあります。いつでもどこへでも移動できる自動車は、便利な移動手段にほかならず、近年は高齢者の免許保有率も上がってきています。しかし、現時点で自動車は、公共交通機関に比べて一人当たりの温室効果ガス排出量も多く、温暖化など地球環境に悪影響を与える要因でもあります。それだけでなく、認知機能や運動機能の低下した高齢者が起こす交通事故の報道を見聞きするにつけ、このままではいけないという思いに駆られます。

鉄道、路線バスといった公共交通は環境にもやさしく、自動車を自由に利用できない高齢者や運転免許を持たない未成年者にとって貴重な移動手段です。ところが地方都市では、車の利用人口の増加と少子高齢化も相俟って、利用者が減少し続けており、鉄道やバス路線の廃止が進んでいます。バス路線はあっても一日に数本しかなければ、いつどこへでも自由に出かけられるとは言えないでしょう。一日に数本しかないような鉄道やバスの時刻表を、イラストレーターのみうらじゅんさんは、「地獄表」と呼んでいます。移動には公共交通が頼りという生活者にとって、正鵠を射る表現です。

●都市の持続可能性に黄信号

人口減少および高齢化は、国や自治体の財政にも大きな影響を与えます。勤労者の減少は納税額の減少を招き、高齢者の増加は社会福祉分野の需要を増大させます。このことは、税収減と医療保険や年金などの社会保障給付の増大による財政負担が重くのしかかるだけでなく、財源不足により道路、橋梁、上下水道などの基盤施設や学校、公民館、図書館などの公共施設といったインフラの維持や管理も十分に行えなくなります［図1-5］。

高度経済成長期に人口が急激に増加した都市の郊外部の住宅地では、これらインフラの更新時期（建替えや補修など）が一斉にやってくることから、多くの自治体では、インフラの長寿命化や公共施設等の集約化・複合化の取組みが始まっています。国からも公共施設の長期的な視点に基づいた更新・統廃合・長寿命化を計画的に行うことが推奨されており、各地で公共施設マネジメント（公共施設等総合管理計画）の取組みが進められています。

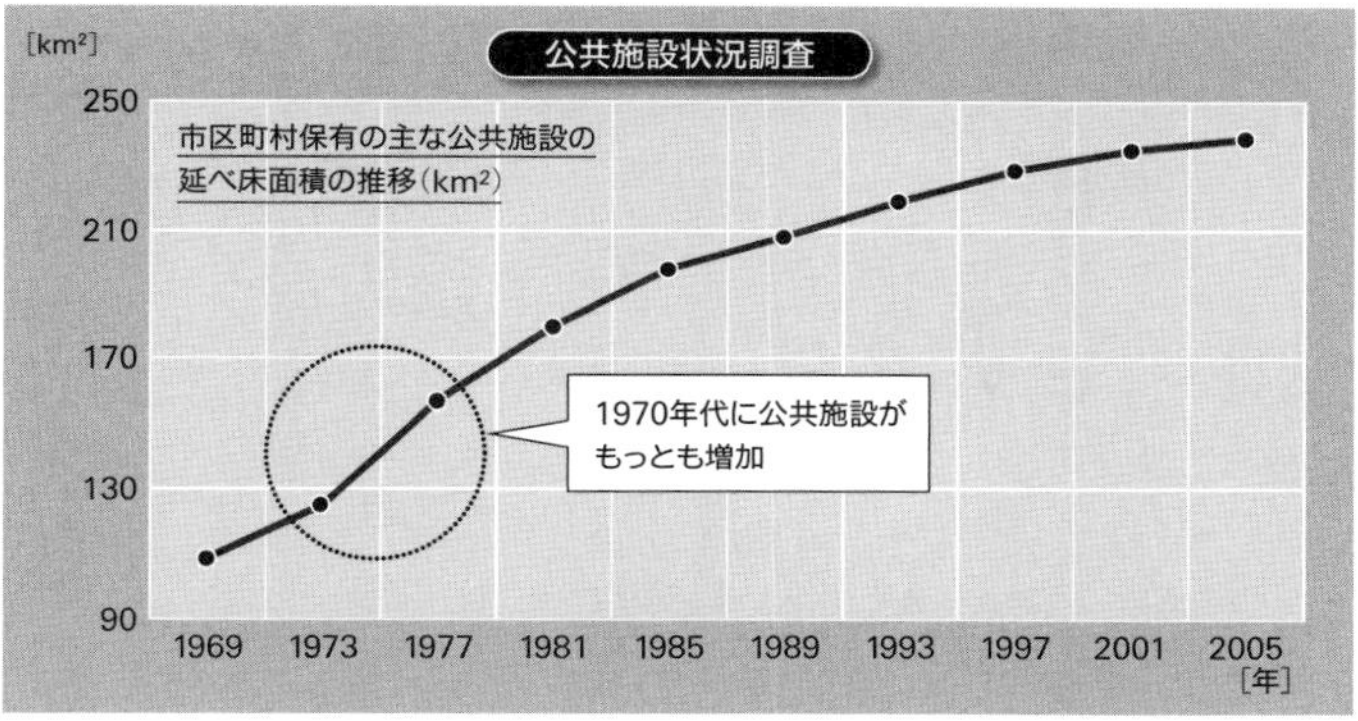

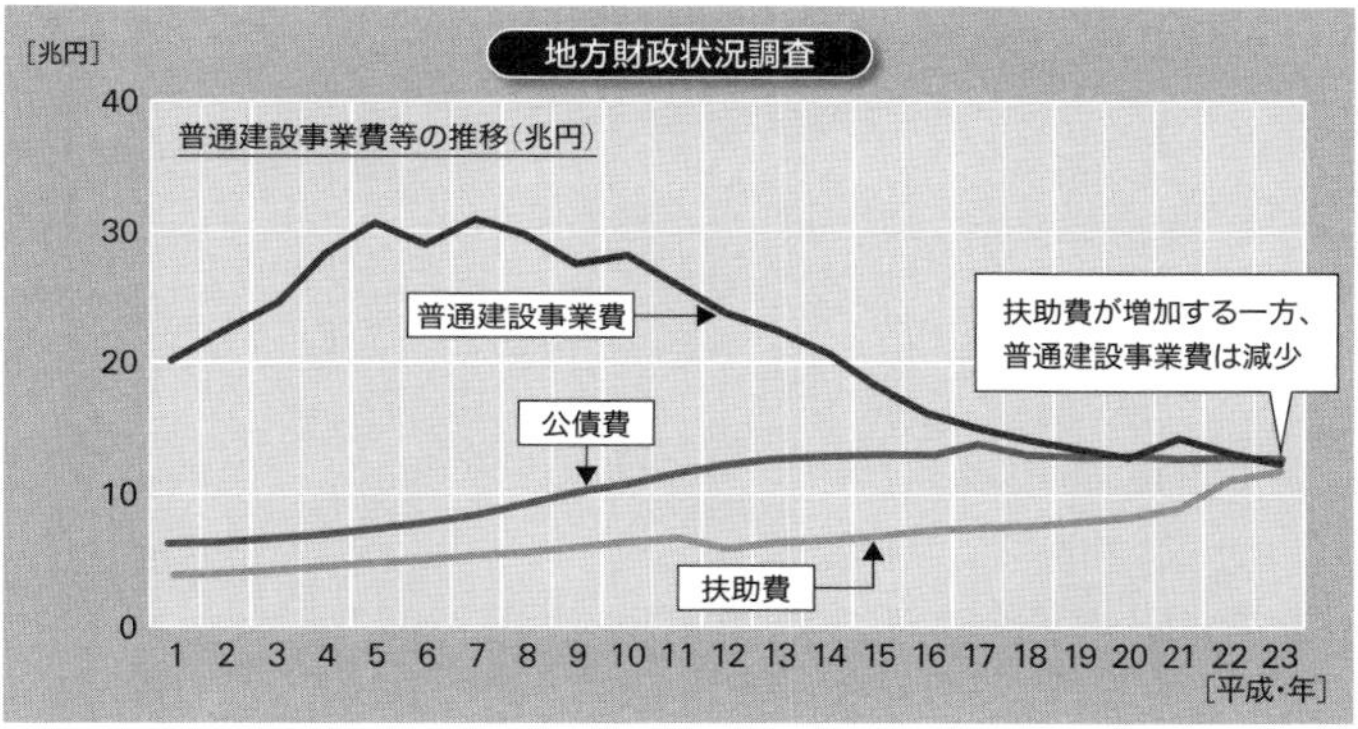

[**図1-5**] 公共施設の状況と地方財政状況
出典：公共施設等の総合的かつ計画的な管理による老朽化対策等の推進（平成26〈2014〉年1月24日、総務省）

1.3――リスクに曝《さら》される都市

●しなやかな回復力を備えた都市へ

集まって住む、仕事や買い物・娯楽のために集まる、そのためのさまざまな機能が集積する場が都市だとすると、それゆえにリスクに曝されやすい脆弱性をもっているのも都市であると言えます。

かつては数十年に一度の規模と言われた水害が、毎年のように日本列島を襲っています。東日本大震災のような大地震も、記憶に新しい災害です。家屋が密集し、人や財が集積する都市では、このような大規模な自然災害による被害は甚大です。

また、この原稿を書いている二〇二〇年に猛威を振るっている新型コロナウイルスといった感染症も、世界中の大都市を中心に拡大しています。人から人にうつる感染症の急速な拡大は、人口規模の大きさや人口密度の高さが影響していることは間違いないでしょう。

集積が高く、さまざまな接触の機会が多いことから、被害や感染のリスクが高い「都市」は不要で、ICTが発達した現在では、「ポツンと一軒家」のように、それぞれがばらばらに、災害リスクも人との接触もなく、疎に住み活動すればよいというのは極論過ぎるかもしれません。ただしコロナ禍をきっかけに、これまで都市が提供してきた空間・機能は、ICTを活用したリモートによるコミュニケーションやバーチャルな場に代替される部分も増えていくに違いないでしょう。

とはいえ「人間」は人の間と書くように、人と人との触れ合いや密接なコミュニケーションなくしては存在できない生きものであることに変わりはありません。また経済活動、生活、創造などの場であるとともに、多くの人を引き付ける魅力や利便性などを兼ね備える都市は、集積や密度が高いゆえに成立してきたのも事実です。

都市のメリットや魅力を生かすと同時に、都市ゆえのリスクを低減させ、さまざまな危機にあっても被害を最小限に食い止め、しなやかな強さで回復できる都市、そのようなコンパクトシティという都市をいかにつくるのかを自らの課題とし、取り組んでいきたいと思います。

1.4――持続可能な都市づくりのために

●人口減・超高齢社会をチャンスに！

離島や山奥の過疎地を訪れると、茂みのなかに人が生活していた痕跡に出会うことがあります。それは、かつてこの地に住民がいたこと、やがて転居や死亡などで人がいなくなり消滅した集落であることを想像させます。

高齢化・人口減少が進み、生活利便性も低下し、空地・空き家が増え、現在の都市も消滅集落のように衰退、消滅の道をたどるのでしょうか。高齢化および人口減少、くわえて大規模災害や感染症のまん延などの脅威、そして右肩下がりの経済の長期化を経験していない現在の日本の都市を、これからどのように持続させていくかは、都市づくりに携わる私たちにとり、まさに喫緊の課題にほかなりません。

高齢化・人口減少は先進国では日本が先頭を走っているものの、世界的には人口は増加の一途をたどっています。

人口の急増は、過密や資源の枯渇をまねきます。その世界は、水や食糧の枯渇をはじめとして、失業、貧困などの問題をかかえています。そこで持続的な開発をめざし、国際社会全体の開発目標として二〇三〇年を期限とする包括的な一七の目標（SDGs：Sustainable Development Goals）が二〇一五年九月の国連サミットで採択されました［図1-6］。SDGs（エスディージーズ）では地球上の誰一人として取り残さないとして、貧困撲滅や格差是正、気候変動対策などの国際社会の課題を解決し、持続可能な社会に向けた取組みが進められています。都市づくりに関係の深い目標として、「住み続けられるまちづくり」をかかげており、「包摂的で安全かつ強靭（レジリエント）で持続可能な都市および人間居住を実現する」とされています。SDGsの目標達成に向けて、政府や各自治体においても、都市づくりをはじめとして多面的な取組みが始まっています。

都市として、人口減少と超高齢社会にどう向

［**図1-6**］2015年9月の国連サミットで採択された2030年までの17の目標

き合うか、弱み（人口減・超高齢社会）をチャンスに転換できないか、明るく生き残る術はあるのか、といった問題解決の糸口をさぐっていきたいと思います。

●「スマート・シュリンク」という方法

都市の人口が減り、空き家や市街地の密度が減少し、ひいては市街地の空洞化や住環境の悪化、治安の悪化、公共的なサービスの縮減につながっていくことを「都市の縮退」(Urban Shrinkage) と呼んでいます［図1-7］。都市の縮退の原因は、高齢化と少子化による人口減だけではありません。前節で述べたように商業施設や住宅の郊外化と中心市街地の衰退だけでもありません。

北海道夕張市は炭鉱の開発により、かつては山あいに広がる都市としてにぎわいを見せていましたが、一九九〇年にすべての炭鉱が閉山に至りました。その前後から就業者を中心とする流出により人口は激減、高齢者が残る結果となったまちは少子高齢化に陥ることも早く、自治体経営の失敗により、もはや国の管理下で再建をめざすしかない「財政再建団体」に指定されました。

夕張市に象徴される地域産業の衰退が都市縮退の引き金となることもあれば、東日本大震災のような自然災害が原因となることもあります。地震による津波や原子力発電所事故等の被害は、もともと高齢化・人口減少が進んでいた地域に追い打ちをかける結果となったのです。

世界でも、産業の衰退が都市の縮退につながっています。たとえば、アメリカのラストベルト（さびついた地帯といわれる）は、鉄鋼や石炭、自動車などの主要産業が衰退した工業都市であり、人口減少に伴う空き家・空地の発生や市街地の空洞化とそれに伴う治安の悪化が大きな問題になっています。都市を適正な規模に縮小させる（Rightsizing）取組みによる縮退への対応が模索されています。

現代の日本では当てはまりませんが、東欧のように政治体制が崩壊することにより、人口流出が止まらず都市の衰退につながった例もあります。

都市の衰退は人口が減ることだけでなく、そ

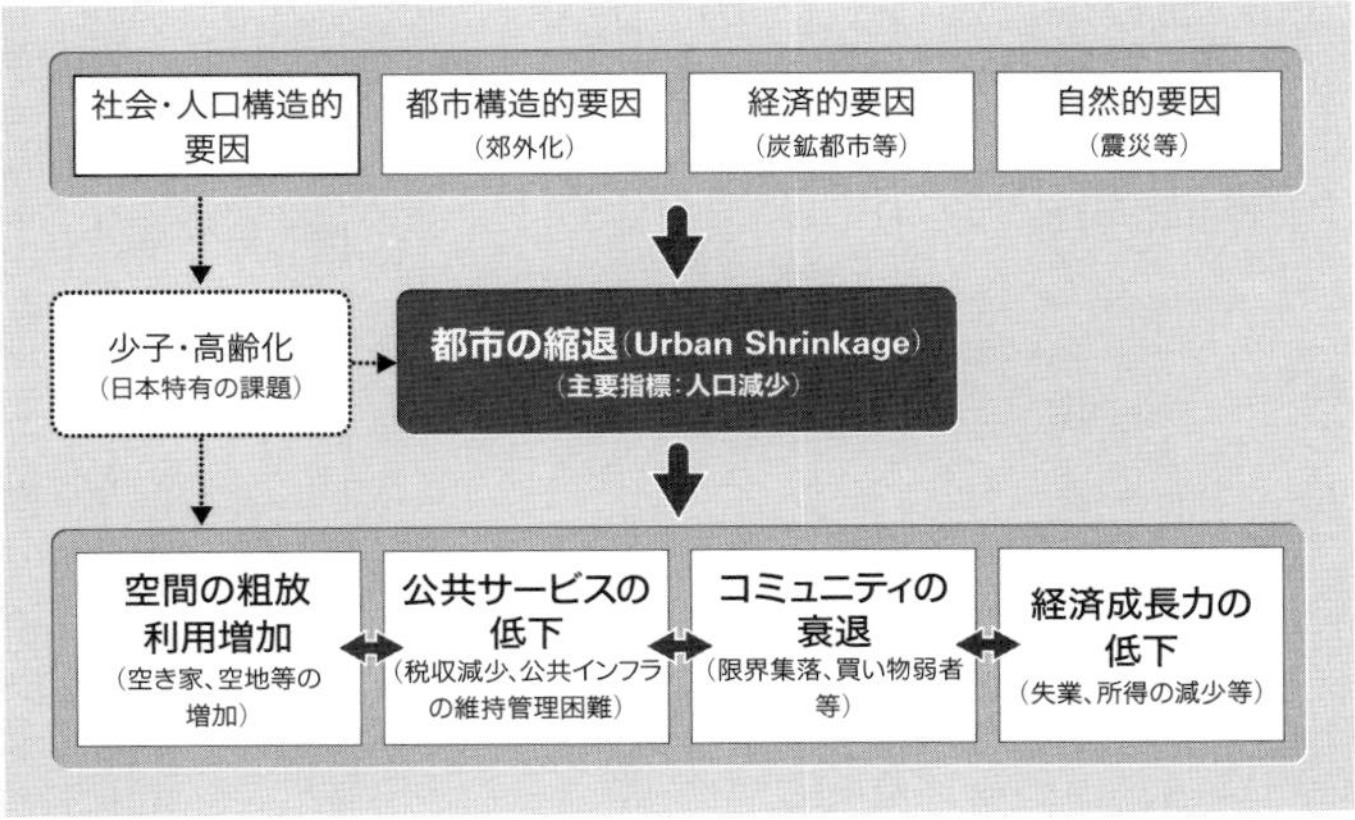

［**図1-7**］人口減少によりシュリンク（縮退）する都市

れに伴う需要減少、公共サービスをはじめとして生活に係るさまざまなサービスレベルの低下、地域の担い手の弱体化によるコミュニティの衰退などにつながります。これらの結果として、働く場所や所得の減少といった負のスパイラルに陥っていきます。

都市の衰退が避けられないとはいえ、このような負のスパイラルに陥らないよう、賢く衰退させる「スマート・シュリンク」を考えていくことが重要です。

●人口減少・高齢化は悪いことなのか

ここまで、人口減少、高齢化などによる都市の縮退といった先行きの暗いことばかりを書いてきましたが、高齢化・人口減少は悪いことばかりなのでしょうか。

『人口減少社会という希望』の著者である京都大学・こころの未来研究センターの広井良典教授は、人口減少社会はむしろ日本にとって、さまざまな恩恵をもたらし、現在よりも大きな「豊かさ」や幸福が実現されていく社会となりうると提言しています。これまでは、都市の郊外部などは職住分離で働く場所と住む場所が分かれてきましたが、現役時代には職場との関わりが圧倒的に強く地域との関わりが薄かった人たちが、リタイア後に地域コミュニティに関わることにより、地域コミュニティにとってプラスになる可能性があります。広井さんは、このような地域とのつながりが強い人々を「地域密着人口」と命名し、高齢化・人口減少社会のなかで、重要な役割を果たすとしています。

人口減少による密度の減少は、都市の過密の解消や都市空間のゆとりをもたらすことにもなります。住宅団地では、隣地や隣室が空けば、二戸を一戸にまとめて広々と活用することもできて、大都市の通勤ラッシュも緩和されるかもしれません。

とにもかくにも前向きにとらえ、「人口減少と高齢化社会における持続可能な都市づくり」という世界で初めての経験を逆手に、これらの問題にいずれは直面するであろう世界の国々の手本となれるなら、その解決ノウハウの輸出もなきにしもあらずだと考えます。

ただし、人口の増加、都市の拡大成長を前提としてきたさまざまな枠組みは見直さなければなりません。雇用、産業、福祉、社会保障制度などをはじめとして、さまざまなシステムを見直していくなかでの、新たな都市計画、まちづくりへの取組みが不可欠です。

◉コンパクトシティの必要性

これまでに説明してきたように、人口減少・高齢化は、私たちの生活やまちのありようにも大きな影響を与えます。高度経済成長期の人口や経済の拡大と、自動車利用の増加による住宅地や店舗等の郊外立地と低密度な市街地が形成された都市では、人口減少や高齢化が進むと市街地の密度や需要が減少します。このような都市では、自治体の厳しい財政状況も重なって、拡散した居住者の生活を支えるさまざまなサービスの提供が困難になりつつあります。また、高齢化が進むことにより、買い物難民に代表されるような問題がより顕著になります。

生活サービス機能と居住を集約し、人口の集積を確保できるなら、生活利便性の維持・向上、地域経済の活性化、行政サービスの効率化等による行政コストの削減が可能となります。また、鉄道・バスなどの公共交通ネットワークは、人口集積による需要の確保によりサービスの維持が可能となり、高齢者の足の確保につながります。公共交通は、自家用車にくらべ、二酸化炭素に代表される地球温暖化の原因となる温室効果ガスの一人当たり排出量も少なくなり、地球環境への負荷も低減されることになります。さらに、人口減少下で経済成長や社会保障システムを維持していくためには、集積による生産性向上が不可欠です。

●集まって住むことの大切さ

携帯電話、インターネットの普及は、どこにいても仕事ができ、打合せのために皆が一箇所に集まらなくともテレビ会議で済ますことを可能にしています。オンラインで遠隔診療や服薬指導が普及すれば、通院する必要もなくなります。アマゾンドット・コムのようにエレクトロニック・コマースやスーパーの宅配サービスが行き渡れば、買い物のために外出しなくともよくなるかもしれません。だからといって、人が集まって住み、フェイス・トゥ・フェイスで働く必要がまったくなくなってしまうわけではありません。人は太古から群れで生活してきたように、集まって住むことによるコミュニティの重要性は、高齢社会や東日本大震災のような災害時に大きな力と支えになります。集約した市街地は、都市基盤の効率的な運用と維持、環境負荷の低減にも寄与します。

経営学では、組織の学習能力がイノベーションを生み出す鍵となるとされています。組織も個人も過去の経験から学習し、その学習によって組織全体の効率や生産性が高まるわけですが、そうした学習を促す観点から注目されているのが「トランザクティブ・メモリー」です。『世界の経営学者はいま何を考えているのか』の著者の入山章栄さんによると、トランザクティブ・メモリーは、組織全体で同じ情報を共有することよりも、「誰が何を知っているか」の情報を、誰もが引き出しやすい状態で共有することが重要であるという考え方とのことです。トランザクティブ・メモリーの高い組織では、「フェイス・トゥ・フェイスの直接対話によるコミュニケーション」がメンバー間で頻繁に行われていたことがわかっています。

一方で、事務的なルーティンワークやコールセンターなどの業務は、テレワークといった非対面型業務でも支障がないとも言われています。新型コロナウイルス禍においては、私もテレワークが主体となりましたが、チームで新しいプロジェクトのアイディアを出し合ったり、部下の人事相談など微妙なコミュニケーションが必要な場面では、対面のほうがスムーズに進むことが実感されました。オフィスに集まり対面で仕事をすることと、テレワークを補完的に用いるなど、これからは都市空間での機能集積のメリットを活かしつつ、リスクの高い密集や混雑を回避するようなコンパクトシティの形成が求められます。

このように、住み続けられる都市（持続可能な都市）とするためには、本格化しつつある人口減少・高齢化に対応した、ある程度は集約して住み、働く、コンパクトシティによるまちづくりが重要です。

●コンパクトシティとは何か

ところで、コンパクトシティとは何なのでしょうか。

コンパクトシティは、持続可能な都市づくりの空間形態としてEU諸国で使われ始めた用語だと言われています。「持続可能」という言葉の定義や概念が人によって異なるのと同様に、コンパクトシティの形態も便利な言葉ですが、あいまいで人により解釈がさまざまなのではないでしょうか。

コンパクトシティの狙いは、都市により異なります。たとえば、欧州では、都市の環境負荷の低減、とくに自動車からの二酸化炭素排出削減を主な狙いとして議論されてきました。アメリカでは、伝統的なコミュニティ形成や建物デザインに価値を置くニューアーバニズムや、スマートグロースといった成長管理・政策形成システムの中でコンパクトシティの形成をめざしています。爆発的な都市化が進む中国や東南アジアの都市においては、コンパクトシティの形態もこれらとは異なるものになるでしょう。

コンパクトシティというと、人口も施設も何もかも中心拠点などに密度高く集約し、一点集中型の市街地を形成させ、中心拠点以外の居住者を強制的に中心拠点に移住させることだというイメージを持つ人もいるかもしれません。しかしそれは、かなり極端なイメージであって、日本で考えられているコンパクトシティではありません。

ただし、日本でも、地方都市と大都市圏では、「コンパクト」の意味するところや対象とする範囲は異なってきます。地方都市では、中心市街地の衰退、市街地の郊外化による弊害（車利用増加、郊外化に伴う基盤整備や維持管理コストの増大等）という問題を抱え、高齢化と人口減少を背景として、コンパクトシティをめざす都市が増えています。大都市でも、都心部や郊外部ではめざす姿が違ってきます。コンパクトシティの形成を、何を目的として、どのように取り組むかは都市によって異なるのです。雪の多い青森市では、郊外化による除雪費用の財政負担の軽減がコンパクトシティをめざす理由の一つとなっています。

前節で述べたように、大規模災害や感染症のまん延などのリスクに対し、洪水などのリスクの高い場所は避ける、大地震での大火や建物倒壊による被害を防止する、感染症防止のために密集や混雑を避けるなど、都市機能の集積のメリットを生かしつつ、リスクが低く安心して暮らし・活動できるコンパクトシティをめざすことも忘れてはなりません。

コンパクトシティという考え方が、人口減少・超高齢社会で安心して暮らしていくうえで必要な将来像であるとすれば、この先二〇年、三〇年先、いや五〇年先になるかもしれませんが、地域の課題や最終像（コンパクトな都市）を描きつつ、当面、都市計画、まちづくり、都市開発で何をどう取り組んでいけばよいのか、その戦略を考えてみたいものです。

第2章

人口減少でも元気な都市へ

2.1――コンパクトシティは実現できるのか

◉現行の都市計画制度では対応しきれない

日本の都市は、都市計画法（昭和四三〈一九六八〉年公布）に基づいて計画されています。都市は、道路・公園などの都市施設の計画・整備、建築物などの立地誘導や規制により形成されていきます。もちろん、広義の都市計画は、法律に基づくものだけではありません。また行政だけで進められるものでもなく、市民や企業など多様な人々や組織により取り組まれます。

都市計画法に基づく都市計画は、土地利用の規制と誘導、道路などの都市施設の整備、土地区画整理や市街地再開発などの市街地開発事業として進められてきました。こうした都市計画制度は、戦後の人口増加、経済成長に対応してきたものです。そのことは、現行の都市計画法に定められている人口や都市活動の増大の受け皿としての「市街化区域」、膨張し拡散する市街地を抑制する「市街化調整区域」などの考え方に顕著です。

しかし、人口減少やかげりの見えてきた近年の経済状況にあっては、これまでの都市計画では対応しきれません。具体的には、人口減少に伴う空き家の増加、高度経済成長期以降に大量に整備された道路、橋梁をはじめとする基盤施設（インフラ）の維持・更新費用の増大など、諸問題が自治体に重くのしかかっています。

政府は二〇一四年、この状況を打開しようと、立地適正化計画制度を創設しました。この制度は、コンパクトシティを形成するため、居住誘導区域や都市機能誘導区域を設定し、そこに住宅や商業、医療、福祉施設等の立地「誘導」を行い、区域外での一定規模以上の誘導対象施設の開発・建設が行われようとしている場合には、住宅の立地誘導に支障が認められるときは、立地を適当なものに是正するため、自治体から「勧告」できるというものです。

とはいえこの立地適正化計画制度は、区域外での立地規制や移転を促進するような強制力および誘導地域への移転や誘導に対する経済的なインセンティブが充分な制度とは言えません。つまり、都市再生特別措置法の改正により位置づけられた立地適正化計画制度は、「特別措置」という言葉に象徴されるように、都市計画法の抜本的な見直しとは言えず、日本の都市計画の進路を転換する重要な局面であるにもかかわらず、コンパクトシティを強力に推し進める機動力となる制度ではないのです。

●立地適正化計画制度の限界

とはいえ、立地適正化計画は多くの自治体で策定されています（全国三二六都市で策定。二〇二〇年四月一日時点）［図2-1］。すでに人口減少が進行している地方の中小都市では、市街化区域の一部を居住誘導区域に指定し、一定規模以上の人口密度の維持を目標に掲げています。この居住誘導区域の線引きについては、どの自治体も明言はしていませんが、人口減少が進んだ将来の市街化区域の想定区域（いわゆる「逆線引き」）の線をイメージしているともとれます。

一方、まだ人口が増加している、あるいは減少基調に入ったばかりという大都市近郊の都市などでは、人口減少や都市の希薄化に対する懸念はさほどではなく、むしろ高齢化（高齢者の爆発的増加）対策に重心が置かれています。このため、市街化区域とほとんど変わらないようなエリアを居住誘導区域に指定しているところもあります。もちろん、明らかに居住に適さない工業系用途地域や土砂災害特別警戒区域などの災害リスクの高いエリアは除外されていますが、将来の人口減少を踏まえると薄く広がる市街地を許すことになり、こうした状況もまたコンパクトシティ化の実効性に乏しいと言えます。

では、立地適正化計画制度を強化し、逆線引きに等しい規制強化を行えばよいのでしょうか。日本国憲法（第二十二条）では、何人も居住と移転の自由を有するとされており、住みたい所に住み、移転し、自己の意思に反して居住地を移転させられることのない自由が保障されています。また、日本は土地や建物の個人所有が多く、農村部では先祖代々（といっても明治以降が大半）受け継がれてきた土地を離れたり手放したりすることに抵抗があるなど、よほどの経済的なインセンティブ（移転に関する補助、土地の買い上げなど）がないかぎり、現実的ではありま

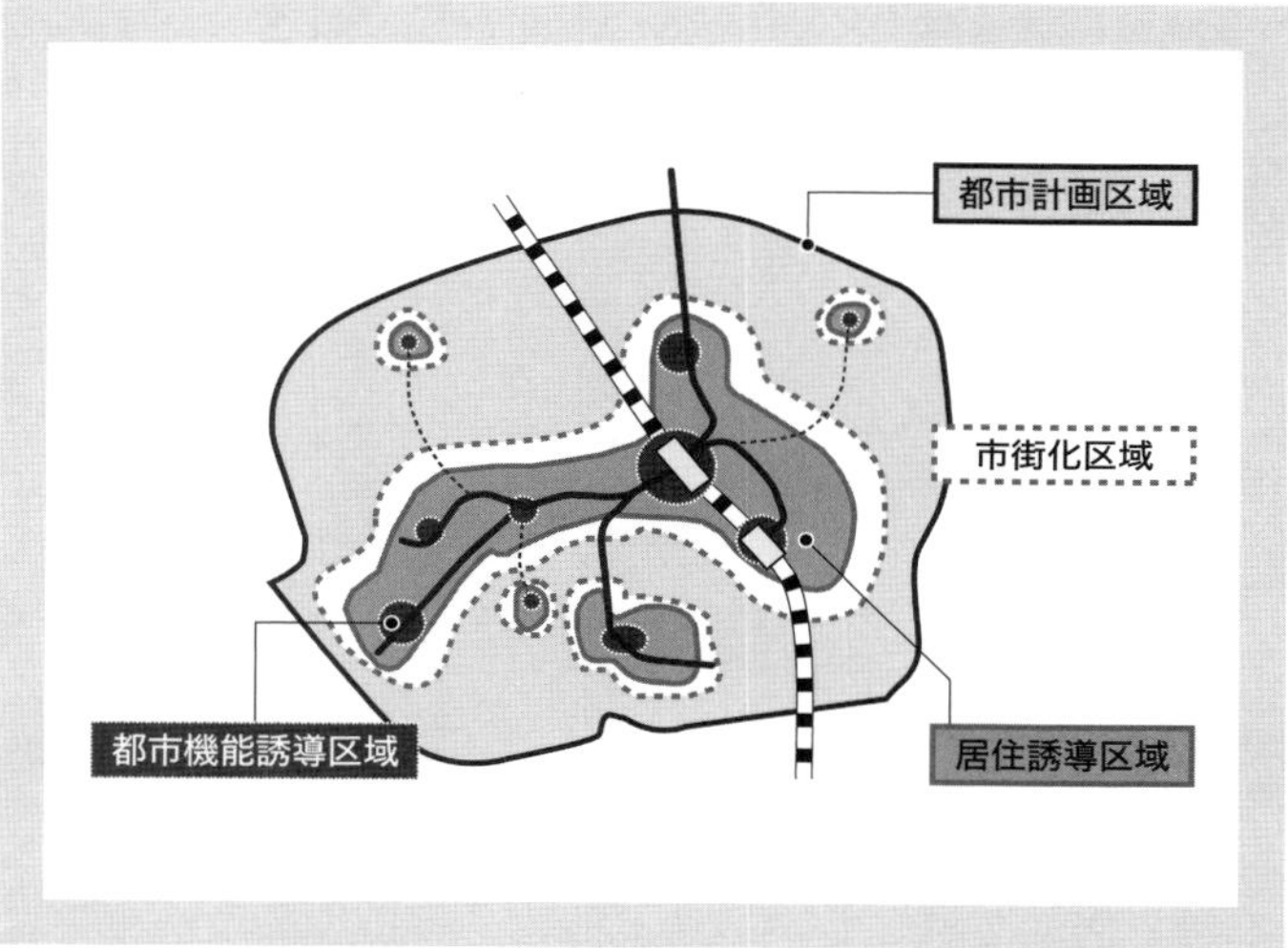

立地適正化計画制度は、「コンパクト・プラス・ネットワーク」(コンパクトなまちづくりと公共交通によるネットワークの連携)のために、まちなかや公共交通沿線などに居住機能や医療・福祉・商業等の都市機能を誘導する計画制度である。立地適正化計画の区域(都市計画区域内)に、居住誘導区域と都市機能誘導区域の双方を定めるとともに、居住誘導区域の中に都市機能誘導区域を定める。都市機能誘導区域には、立地を誘導すべき施設(医療・福祉・商業等)を定める。本計画にもとづき、整備に関する補助や特例措置立地のインセンティブがある。

[**図2-1**] 立地適正化計画制度のイメージ
出典:「立地適正化計画作成の手引き(平成30年4月25日版)」、国土交通省

せん。経済が上向きでなく、国をはじめ地方自治体もむしろ公有地を手放している状況下では、経済的な手法も当面不可能と思われます。

●スポンジ化に対応した方策が必要

都市計画の専門家の間では、「スポンジ化」という現象が注目されています。核家族化が進むと、世帯人員が減少し、その結果として土地の細分化が進展します。子供が独立して他所に世帯をかまえたため高齢者のみとなった世帯で、その居住者の死亡等による空き家、人口減少による需要減等で廃業による空き店舗など、都市にスポンジのように空隙が生じる現象が「スポンジ化」です。

これらの空き家は、もちろんまとまって発生するのではなく、それぞれの家庭等の事情でランダムに発生します。人口が増加し、土地利用の需要も上向きであれば空き家はすぐに埋まるはずですが、それも期待できません。中心市街地や郊外住宅地に、今後ますます空き家や空地が増えていくものと予想されます。

スポンジ化によりランダムに生じる都市の空隙は、住宅地や商業地の人口減少や機能集積の減少を意味します。つまり、一定規模以上の人口や都市機能の集積を維持・高めることをめざす市街地のコンパクト化に逆行する現象と言えます。

『都市をたたむ』の著者であり都市環境学を専門とする東京都立大学教授の饗庭《あいば》伸氏は、都市の「スプロールがランダムさはあるものの例えば中心駅や中心商業地などの都市中心部の近いところから外側に向かって徐々に起きたことであるのに対し、スポンジ化はよりランダムに、中心部との距離とは強い関係を持たずに起きる」と指摘しています。

また、明治大学政治経済学部政治学科教授である野澤千絵氏は著書『老いた家 衰えぬ街』の中で、二〇三三年には日本の家の三戸に一戸は空き家になるとし、人口減少下のまちの様子を解いています。それだけでなく、読者それぞれに身近な家の「終活」方法を具体的に指南し、私たち自身が積極的にまちに関わることの大切さを教えてくれます。

つまり、従来の市街化区域・市街化調整区域といった同心円的な線引きに対して、新たな線引きを加えることになる立地適正化計画では、よりランダムに空隙が発生するスポンジ化の現象に対応しきれません。

これまでの都市計画制度は、建築や開発事業が生じた際に、その地域に望まれる形態や用途の建物および土地利用を規制・誘導するためのシステムでした。つまり、空き家や空地の発生などによる土地や建物を利用しない「不作為」に対するマネジメント手法を持っていない制度なのです。

二〇〜三〇年をかけてコンパクトシティ化を図ろうという場合も、過渡期に生じる都市のスポンジ化は避けられないはず。このようなプロセスに対応できる方策が求められています。

◉コンパクトシティ化のための戦略

逆線引きのような規制強化や、強制的な移転手法が現実的ではないとすれば、どうすればコンパクトシティを形成していくことができるのでしょう。このままでは、絵に描いた餅で終わってしまいます。

強制的な移転は現実的でないとすると、コンパクトシティの形成につながる戦略として、つぎの四つが考えられます。

❶──人の集まるエリア（拠点）の魅力を上げる。行ってみたい、人が集まる楽しいまちにする。居住を誘導する、住んでみたいまちにする。住んで楽しい、ほっとする空間をつくるなど。

❷──誰でも手軽に利用できる移動手段（特に公共交通）と、まちづくりをセットで計画する。集中的に投資する。

❸──新しく作るのではなく、まちの使い方、「マネジメント」、「リノベーション」を考える。スポンジ化を防ぐために空き家・空地などのまちなかの資産を有効に活用する。

そのために、住み替えをしやすくする。まちの使いわけをうまくする。

❹――コンパクトシティの魅力と必要性を市民に理解してもらう。二〇年後にどこにどう住むか、どんなまちづくりをするかを考えてもらい、居住地の選択や都市での移動の行動変容を促す。

コンパクトシティ形成の緊急性は、地域によってさまざまです。本格的な人口減少の局面を迎えていない大都市と、すでに人口減少や高齢化が急速に進みつつあり、都市の衰退、疲弊が始まっている地方都市では、抱える課題や今後の方向性が異なります。たとえば、青森市や弘前市の場合は、雪(除雪費用が数十億円/年程度)が課題となって、居住誘導区域内の除雪施設整備の重点化を進めることをコンパクトシティをめざす動機の一つとしています。

青森市の都市計画マスタープラン(平成一一〈一九九九〉年六月)では、「コンパクトシティ」をまちづくりの基本理念として掲げています。その基本理念は「無秩序な市街地拡大を抑制すること等により、流融雪施設の効率的な配置などを可能とし、効率的な都市運営が図られ、雪に強い都市をめざす」としています。一方、弘前市の立地適正化計画(平成二九〈二〇一七〉年三月)では、降雪期も含め一年中を快適に暮らすことができる居住環境の創出を、コンパクトシティ形成の一つの方向性であると位置づけています。

昨今の市街地部での甚大な災害被害の頻発を踏まえ、土砂災害、津波被害、浸水被害を避けるため、そのようなリスクの高いエリアでの居住や都市機能集積を抑止し、安全性が確保されたコンパクトシティの形成をめざす地域も増えつつあります。

以上を踏まえ、コンパクトシティ形成に向けたこれからの戦略を、大都市（三大都市圏や政令市など）と地方都市（中核都市など）に分けて考えてみましょう。

2.2——大都市でのコンパクトシティ

●東京はすでにコンパクトなのか

日本は本格的な人口減少の局面にあり、県庁所在地のような中核的な都市であっても人口減少が続いています。ただし東京都では、人口増加が二〇三〇年まで続くと予測(国立社会保障人口問題研究所の二〇一七年推計)され、日本全体で二〇四五年には二〇一五年の約二〇%弱の人口減少が予測されているのに対し、東京都の推計人口は、現在とほとんど変わらないとされています。

第一章でも説明したように、人口減少による人口集積の低下と公共交通の衰退等への懸念が、コンパクトシティの必要性につながる課題認識であったとすると、東京のような高密度で鉄道網が充実している都市では、コンパクトシティを考える必要もないと思われがちです。

しかし、二〇一七年九月に公表された東京都による都市づくりの方向を示す『都市づくりのグランドデザイン』では、「集約型の地域構造」への再編をめざすとされています[図2-2]。ここでは、「個性」ある多様な拠点をつくり、それらを「地域軸」でつなぐという提案が成されています。また、名古屋市でも「集約連携型都市構造」を掲げ、拠点や「駅そば」に必要と思われる都市機能（拠点施設）の立地誘導や、地域の状況に応じた居住の誘導を進めようという方向を提示しています（なごや集約連携型まちづくりプラン二〇一八年三月）。

一方で、東京は公共交通の利用率も大阪や名古屋より高く「すでにコンパクトシティといえる都市ではないか……」という声も聞かれます。そこで、東京のような大都市でのコンパクトシティについて考えてみます。

その前に、コンパクトシティに不可欠な公共交通、特に鉄道網と市街地の関連に目を向けてみましょう。

●都市形成と公共交通との関連

東京の鉄道の正確さ・速さ・安全性は、訪日外国人から高く評価されていて、網の目のように張り巡らされた鉄道網と輸送密度は世界のトップクラスです。東京都区部における公共交通機関と徒歩・自転車の利用率（交通手段分担率）は、ほぼ九〇％に達するという、世界でも驚異的な数値を示しています。これは、通勤・通学や買い物などの日常の移動を自家用車に頼らず、公共交通機関の利用を前提に組み立てられた都市形成を百年以上にわたって続けてきた結果にほかなりません。

都市部の鉄道駅は、鉄道の乗り降り・乗換えだけでなく、バスやタクシーなどの他の交通機

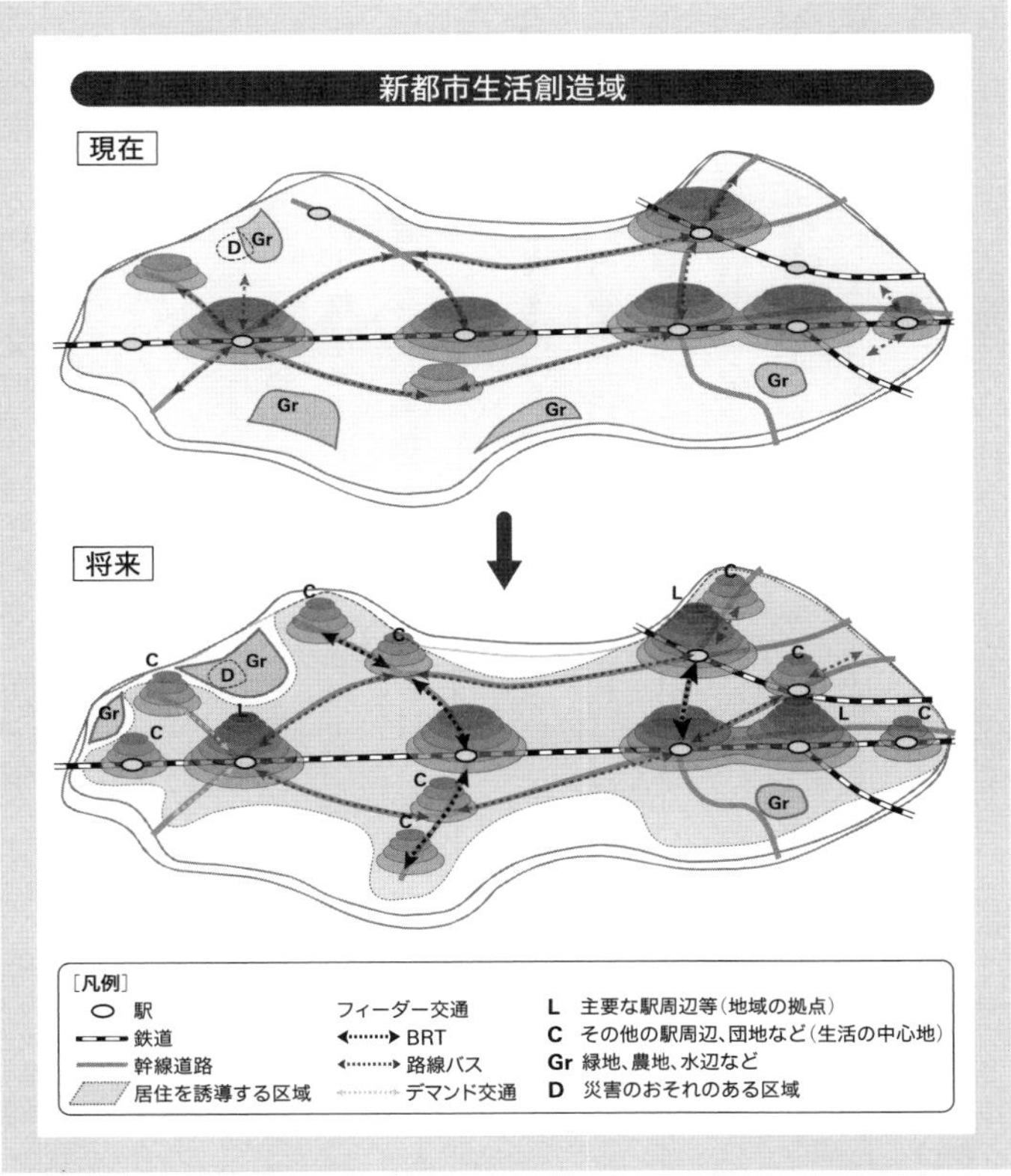

人口減少社会においても生活を支える、さまざまな都市機能や居住機能を大小さまざまな拠点に再編・集約し、地域特性に応じた集約型の地域構造を構築する。
これにより、人々の活発な交流と多様で豊かなコミュニティを生み出すとともに、快適な生活を支える。

［**図2-2**］東京都の考える集約型の地域構造のイメージ
出典：東京都都市整備局『都市づくりのグランドデザイン』を参考に作成

関の乗換えといった交通結節機能を備えています。また、多くの駅前には駅前広場（いわゆるロータリー）が設けられ、交通結節機能を空間的に実現しています。駅前広場は交通結節機能だけではなく、「広場」の名のとおり、人々の滞留（待ち合わせ、休憩など）の場としての役割を担っています。

駅前広場には、このほかに景観機能（たとえば、植栽などの緑や、駅前広場のモニュメントなど）もありますが、いずれにせよ、人が集まる機能や空間を備えています。人が集まるところには、商店や銀行の窓口などが集積し、交通の利便性が高い、アクセスしやすいことから事務所なども数多く集まって、まちの拠点が形成されています。駅周辺の機能集積や人が集まる空間・拠点の存在が、都市生活の利便性や魅力、にぎわいを作りだしています。

このように、日本の都市における公共交通は、都市形成と密接に関連してきました。公共交通機関を日常の移動手段として、自動車に依存しない都市をめざした沿線開発は「公共交通指向型都市開発（TOD：Transit Oriented Development）と言われています。TODは大都市でとくに顕著です。阪急電鉄や東急電鉄などの鉄道会社は、鉄道敷設と合せてターミナル駅への商業集積（百貨店経営）や鉄道沿線の宅地開発を行ってきました。あるいは公的主体が中心となった郊外ニュータウン開発とアクセスする鉄道の整備など、欧米に先んじてTOD型の事例を多く作りだしてきました［図2-3］。日本では、鉄道会社系列の民間企業が主体となって推進してきた

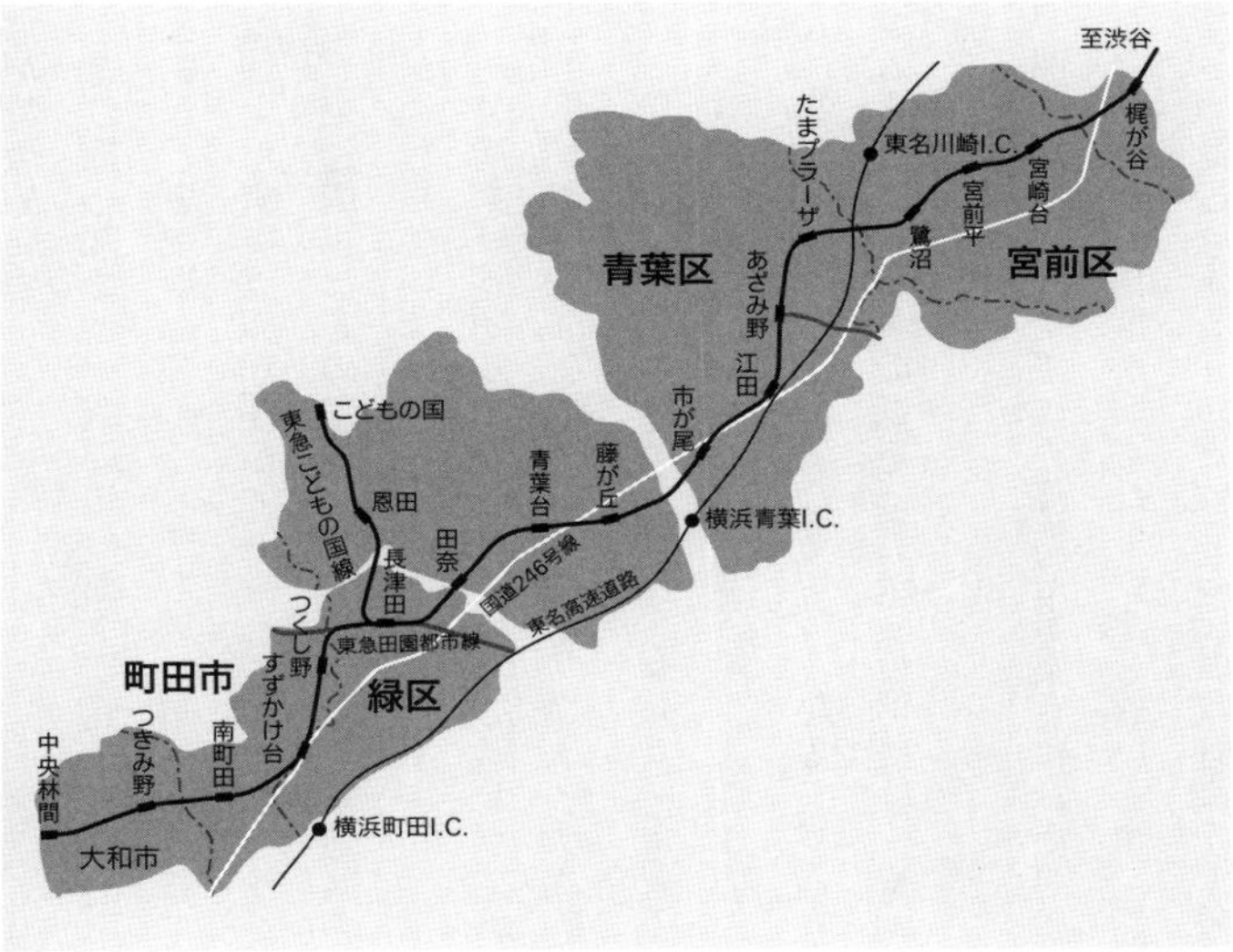

[**図2-3**] 公共交通志向型都市開発（TOD）が進められた東急田園都市線沿線

点が特徴的です。

また都心部では、駅周辺の地下空間を有効活用しながら駅周辺にさまざまな機能を立体的に集約し、車や歩行者ネットワークの充実を図ることで、高い効率性と安全性、シンボル性を兼ね備えた駅拠点づくりが進められています。たとえば東京の渋谷では駅・鉄道そのものの改良と、交通広場などの基盤施設整備、駅隣接地区の複数の都市再開発を同時に進めるプロジェクトが進行しています。

人口減少が進む日本では、限られた国土のなかで新たに鉄道を敷設して沿線を開発しようという考えは現実的ではありません。このため、大都市では鉄道等の公共交通機関が骨格となって、TOD型の都市構造を維持することが重要であると考えられています。

しかし、大都市でも一部の沿線住宅地では人口減少が始まりつつあることも事実です。また、高齢化が進み退職者などが多くなると、通勤・通学利用者が減少し、鉄道需要が減ります。すると、サービスの低下（運行本数の削減など）や、最悪の場合は地方都市のように不採算路線の廃止もあり得ます。

関西地域ではすでに一部鉄道事業者において、利用者の減少に応じてコスト削減を視野に入れた減便等の措置が取られているといいます。沿線の住宅地での人口減少や高齢化の進むなかで、コンパクトシティを支える公共交通網をどう維持・充実していくかが鍵となるでしょう。

●鉄道沿線の個性あふれるまちづくり

人口減少および高齢化は、公共交通サービスの水準が低下するだけでなく、都市経営、都市サービス面へも新たな課題を投げかけます。

大都市の私鉄はTODを実践しています。鉄道敷設に合わせて、郊外に住宅地を新たに作り、その居住者を市内へ電車で運ぶ、またターミナルに百貨店などの商業施設を設け、駅に直結したり、沿線にレジャー施設を立地させることで鉄道経営の安定化と経営の多角化を図るというビジネスモデルを確立しています。箕面《みのお》有馬電気軌道（現在の阪急電鉄）は、沿線の住宅地を開発し、都心のターミナル駅に直結した百貨店を設け、もう一つの端である郊外に大規模集客施設である宝塚大劇場をオープンさせるなど、私鉄経営の基礎となったことはよく知られています。

東京では、[図2-3]で示した東京急行電鉄（現在の東急電鉄）の田園都市線が有名ですが、その他の私鉄でも多かれ少なかれ、このような沿線経営を行っています。関東版住みたい沿線ランキング（SUUMO、二〇二〇）でも、上位路線に東急東横線や東急田園都市線のような都心と郊外を結ぶ路線が登場しています。コンパクトシティに不可欠な公共交通も、人口減少や高齢化により経営環境は厳しくなっていきます。そのため、路線ごとの特徴・個性を生かしたエリアブランディングや、郊外から都心部への通勤・通学流動だけに頼らず、両方向の流動をつくる沿線のまちづくりなどの戦略が不可欠となります。

鉄道の場合、一つの路線が一つの企業により運営されていることが多く、沿線のブランディングなど統一的かつ総合的に戦略をとることができます。しかし、まちづくりを行う沿線の自治体は複数にまたがっています。県境を越える路線もあります。このことが、沿線のコンパクトシティ形成の障害となりがちです。沿線自治体それぞれが、公共施設、文化施設や拠点病院などの都市機能を整備してきた結果、比較的狭いエリアに同様の施設が立地していることがわかってきました。このようなまちも、今後、人口減少が進むと各施設の稼働率が低下し、また施設の老朽化に伴い維持管理費が増大することから、各自治体の財政状況がさらに圧迫され、持続的な都市経営が困難になるものと予想されます。

つまり、適切に公共施設の再編が進められなければ、財政状況がより厳しくなる状況下で施設のサービス水準を維持することができなくなります。それにより沿線の魅力が低下すれば、商業機能などの衰退にもつながりかねないでしょう。

立地適正化計画などコンパクトシティ施策は、自治体単位で進められています。しかし、鉄道によっては複数の自治体がつながる沿線に目を向けた対策が必要となってきます。国土交通省では、鉄道沿線のまちづくりを推進して、都市サービスの持続性の向上、公共交通のサービス水準の維持・向上により、沿線地域の住民の利便性の向上や駅周辺を中心とした地域の活性化につなげようとしています。

鉄道沿線のまちづくりは、「鉄道沿線を軸に都市機能が集積するという構造を活かしつつ、進められます。まず、交通結節点である駅周辺に福祉、子育て支援、買い物等の生活支援機能を誘導します。拠点病院、大規模商業施設、文化ホール等の高次の都市機能については、沿線の市町村間で分担・連携し、合わせてサービス向上等によってフィーダー（支線）交通を含む公共交通機能の強化を図る」とされています［図2-4］。

人口減少時代のこれからは、都市間競争の時代とも言われます。ただし、限られたパイ（人口と国土）のなかで、自治体どうしの競争は無益なこと。大切なのは、隣接した地域や鉄道沿線で、協調、連携してまちづくりを進めていく

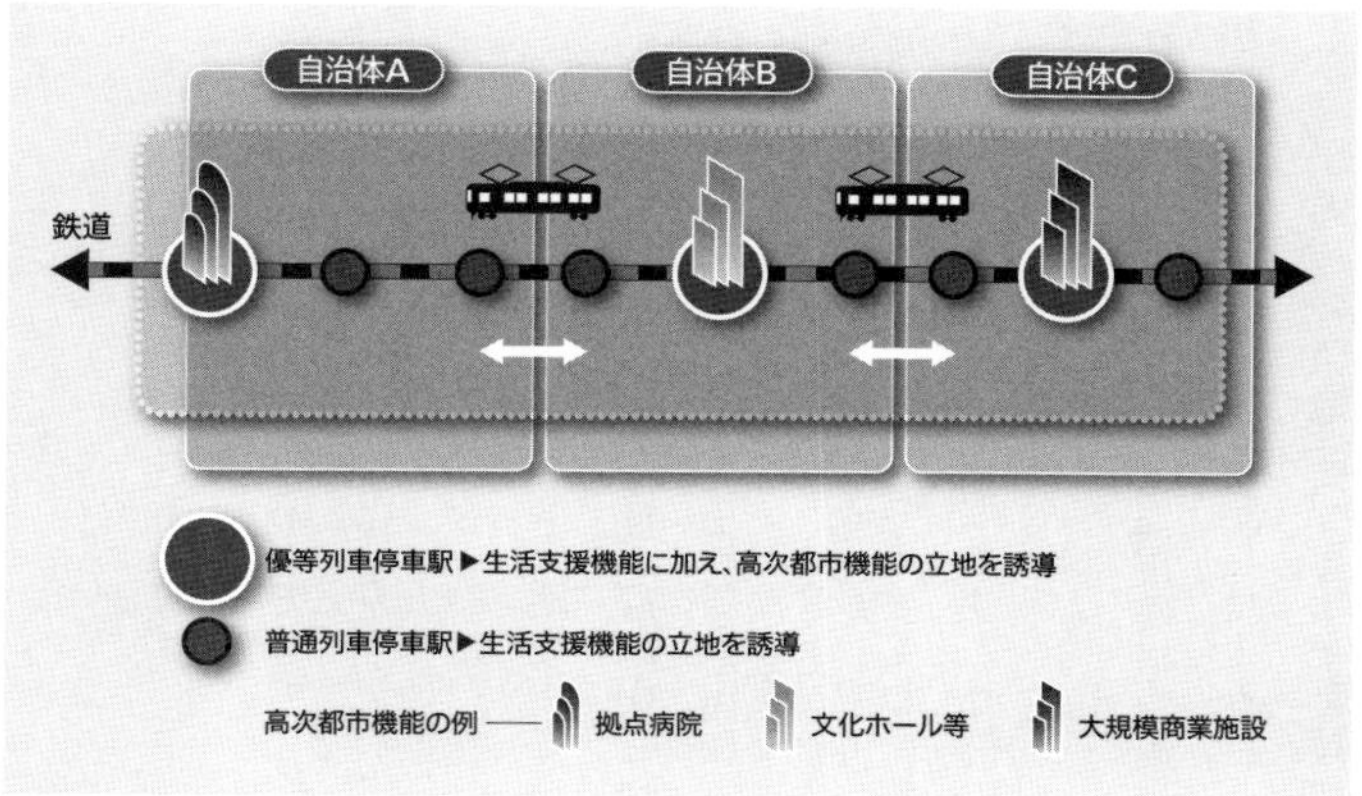

［**図2-4**］鉄道沿線まちづくりのイメージ
出典：鉄道沿線まちづくりガイドライン［第一版］国交省都市局、2015年12月

ことです。

◉駅とその周辺を魅力あるエリアに

駅は既存の市街地に設けられることもあれば、ほとんど何もないところに駅ができて、徐々にその周辺が市街化してくこともあります。いずれにせよ、多くの都市におけるコンパクトシティ形成の中心となるのは鉄道の駅周辺です。

物販や飲食などの商業施設や金融機関の窓口など、私たちの生活に必要な生活サービス施設は、多くの人にとって便利な場所、つまり需要の高い場所に立地するのが経済原則からいっても一般的です。都市計画においては、駅前周辺は容積率（敷地面積に対する建物の総床面積の割合）の指定も高く、このような施設が集まるように誘導されています。

ただし、列車が一、二時間に一本しか運行しないような地方都市の住民にとっては、鉄道より自動車が便利です。駐車場を多く設けられるなどの理由から、駅前の立地よりも郊外の幹線道路沿いのほうが店舗などの集積が高くなります。

一方、鉄道を利用する割合の高い大都市では、これからもコンパクトな都市構造を維持・強化していくために、駅の集客力を活かした魅力づくりが重要です。先にも記したように、沿線人口の減少や高齢化により、鉄道利用者が減少しても、駅周辺の諸機能の集積を維持するには、鉄道を利用しない人も集まってくる次のようなしかけを考えたいものです。

❶——駅前空間を人が集まり留まれる空間にする（交通広場からの脱却）

❷——駅と周辺のまちをシームレスにつなぐ

大都市のターミナル駅などでは、駅そのものの改良と合わせて、さまざまな取組みが進められています。

たとえば、東京・渋谷では駅・鉄道そのものの改良と、交通広場などの基盤施設の整備、駅隣接地区の複数の都市再開発が、ほぼ同時に進行しています。地下鉄駅との直結により、利便性と象徴性を高めた駅周辺開発プロジェクトは、東京・六本木の泉ガーデンプロジェクト、駅と交通広場、建築物を多層化したキュービックプラザ新横浜などがあります。今後、新宿、池袋、大阪、名古屋など、ターミナル駅周辺での駅を核とした開発・整備が進んでいきます（第3章でいくつかの事例を紹介）。

駅、駅一体の都市基盤（自由通路・デッキ・駅前広場）、駅周囲街区の再開発に国・自治体・鉄道事業者の資金を集中投下し、人が中心の魅力的なエリアとして維持・再生が進められています。

その一方で、大規模なターミナルは大地震などの災害発生時における「帰宅困難者」対応などの場となるため、安全・安心の確保も欠かせません。鉄道などの交通機関が途絶した場合に帰宅できず、通勤・通学先にも戻れない人々（買い物客や移動中の人など）が一時的に滞留したり、雨露をしのぎ一夜を過ごすことができる滞在施設としての整備やそこまでの安全な避難ルートの確保も重要です。これらの安全性の確保は、まちの魅力向上にもつながります。国土交通省は、「都市再生安全確保計画制度」を創設し、大規模なターミナルで自治体や駅周辺の事業者等による協議から、計画の策定や個々の開発等での施設整備を進めています。

しかし、駅周辺の都市機能の集積や魅力向上だけでは不十分です。人が集まるためには、そこに行くためのアクセス手段が必要で、容易で所要時間が短く、快適な移動が確保されていることが重要です。つまり、誰もがアクセスしやすいコンパクトシティの拠点を形成するためには、鉄道、バスといった公共交通手段の充実が求められます。

●東京郊外の公共交通事情

コンパクトシティの拠点となる場所に集まる人が住む場所についてはどうでしょう。大都市にあって、住む場所をコンパクトにすることなどできるのでしょうか。それ以前に、密度が高い大都市であえてコンパクトにする必要があるのか、疑問に感じる方も多いはず。［図2-5］は東京都の鉄道駅とバス停の徒歩圏を公共交通利用可能圏域として示したものです。東京都の区部な

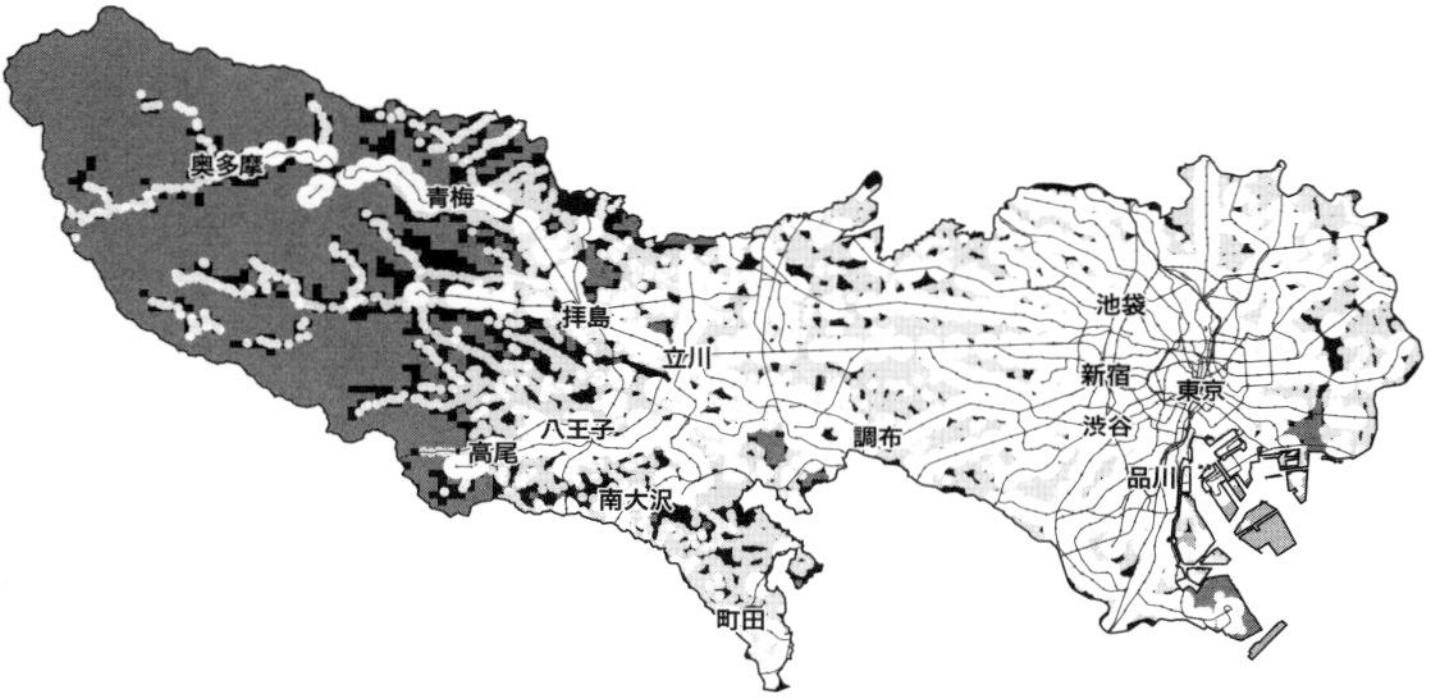

東京都内の人口が一人以上いる500mメッシュ（500m×500mの統計上の区画）のうち、鉄道駅から800m圏外かつバス停から300m圏外の部分を公共交通空白地域として黒色で表示。

［**図2-5**］東京都の公共交通空白地域（図の黒色部分）
出典：「平成27年国勢調査500mメッシュ」と「国土数値情報」をもとに作成。

ど、中心部に近い場所は、そのほとんどのエリアが駅の徒歩圏域に入っています。

東京都でも環七の外側になると、最寄りの鉄道駅から徒歩で一〇分以上かかる住宅地エリアもあります。区部でも周辺部となる練馬区、足立区、江戸川区などでは、鉄道空白エリアが目立ってきます。このようなエリアでは、鉄道駅に向かう路線バスが重要な移動手段となります。二三区の縁辺部や多摩部では、鉄道駅からは離れていても、路線バスが地域をほとんど網羅しています。

一方で、[図2-6]は東京駅から四〇㎞ほど郊外にある八王子市の公共交通利用可能圏域と人口集中地区を重ねたものです。ちなみに人口集中地区とは、人口密度が一ha当たり四〇人以上の地区が互いに隣接して人口が五〇〇〇人以上となる地区であり、都市的地域として国勢調査で設定されます。ＤＩＤ(Densely Inhabited District)とも呼ばれます。

人が住んでいない農地や山間部には公共交通利用可能圏域がないのは当然としても、人が一定以上の密度で住んでいる人口集中地区でも、公共交通利用可能圏域から外れているところ(公共交通空白地域)があります。このような場所は、高齢化が進んでいるところが多く、今後さらに高齢化が進むと、日常生活にも支障をきたす人たちが増えるものと予想されます。

二三区内やその周辺都市でも、次第に人口が減少し、通勤・通学需要も低下すると、路線の廃止などで公共交通空白地域が生じるおそれがあります。地方都市では利用者の減少により鉄

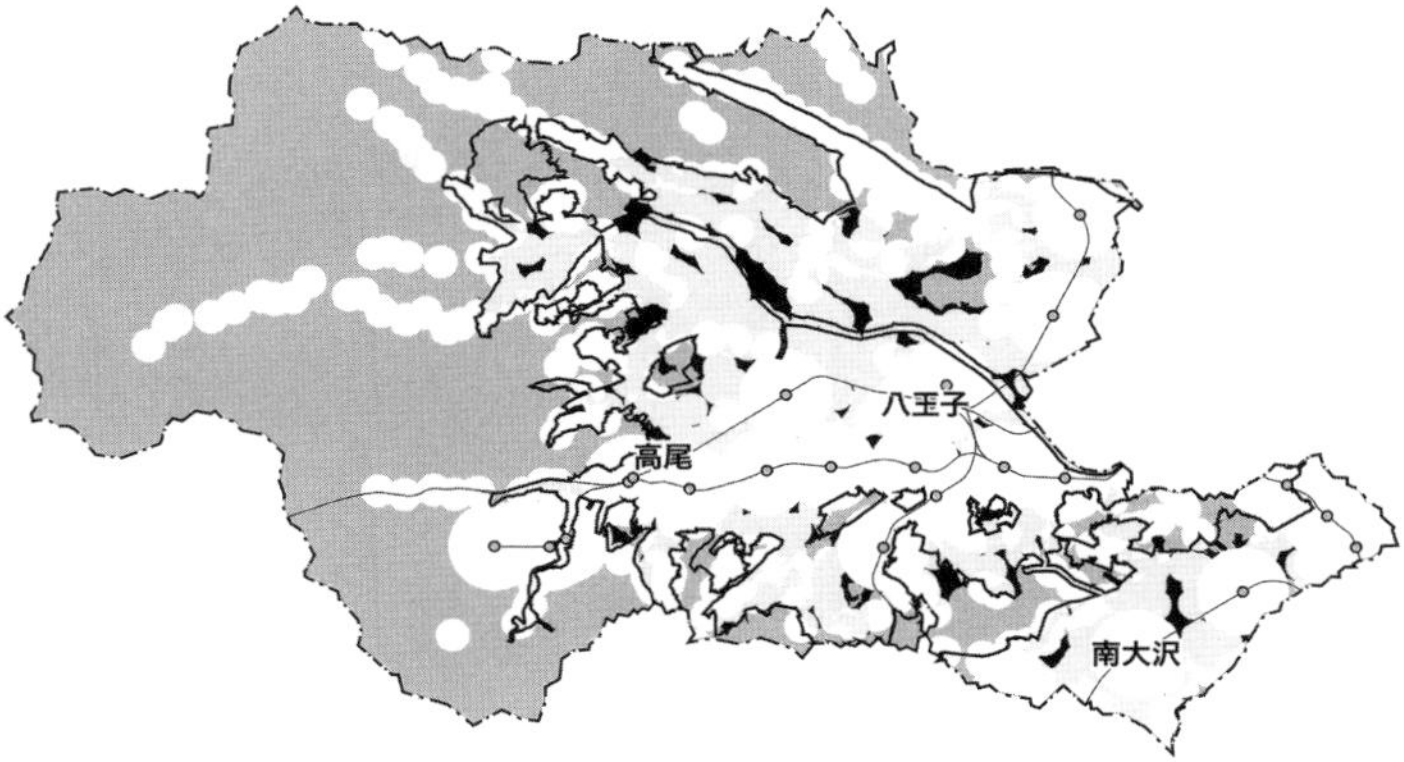

［**図2-6**］東京都八王子市の公共交通空白地域（黒色部分）
出典：「平成27年国勢調査人口集中地区」と「国土数値情報」をもとに作成。

道が廃止されてきましたが、大都市圏ではさすがに鉄道の廃止は当面考えられません。ただし廃止にまではならなくとも、東京都西部のJR五日市線のように、運行本数が減少した路線（二〇一五年に昼間の運転間隔が一時間三本から二本に減便された）もあります。運転本数だけでなく、千葉の内房線では東京や千葉市への直通運転がなくなる（二〇一七年三月）など、利便性が低下しています。

鉄道と並んで公共交通の柱である路線バスは、鉄道と比べて規模の小さい事業者が運行しており、その多くが民間事業者です。二〇年ほど前までは、路線バス事業の過当競争を防止し、公共交通として機能させるために、需給調整規制を前提とした免許制でした。その後、バス事業の自由競争を促進するため、需給調整規制が廃止され、新規参入や退出が容易になりました。この結果、自由競争が促進され、利便性やサービスの向上が期待される反面、不採算路線からの撤退や減便に拍車がかかりました。路線バスの需要が減少する地方都市にとっては深刻な事態です。大都市ではどうでしょうか。

路線バスを中心に成立するエリアの人口密度は、五〇人／haから一〇〇人／ha以上とする研究があります。東京区部の人口密度は一四八人／ha（平成二七年国勢調査）であるので、現状では鉄道かバスの交通手段が十分に成立します。市部（多摩）でも九五人／ha（同）、現状では問題なさそうですが、八王子市や稲城市などは五〇人／haを切っており、路線バスが成立しない地域もありそうです。

●都心居住のための整備が必須

大都市では、人口集積も高く需要が確保されているので、運行頻度が高く利便性の高い公共交通が成立します。コンパクトシティに不可欠である拠点に必要な都市機能も、一定以上の人口集積があってはじめて成立します。つまり、大都市の中心部は人口集積も高く、コンパクトシティそのものと言えます。東京の都心の代表で事務所や商業施設の集中する千代田区でも六万人以上の居住者がいます。経済のバブルが破裂して以降、地価の低下や自治体の定住人口増加策などにより、都心でもマンション等の住宅が増加しました。居住と職場や学校が近接し、通勤・通学のための移動距離も短い千代田区のようなまちは、コンパクトシティのお手本ともいえます。土地は有限であり、さまざまな都市機能が集積する中心部では、集まって居住することが合理的です。

千代田区のようなまさに都心といえる地区では、マンションのような集合住宅がほとんどですが、その周辺区(新宿区や渋谷区など)では、戸建てや低層の住宅も多く存在します。第一章で触れたように、大都市には戸建てや中低層の住宅が密集する木造住宅密集地も存在しており、コンパクトシティと言いがたいのも事実です。道路など都市基盤が不足している密集市街地のようなエリアでは、規制により戸建てや低層の建物しか建築できないことも、マンションなどの規模の大きな建物が少ない理由の一つです。

東京のような大都市でも全域がコンパクトシティになっているかというと、そうではないのです。山手線の内側にも戸建てなど低層住宅も多く存在しています。もちろん、地域の特性に応じて住環境の良い戸建てが中心の低層住宅地の存在も否定しませんが、木造住宅密集地などでは道路や公園などのオープンスペースの整備と合わせた住宅の中高層化（マンションなどの共同住宅）を進め、ある程度の集積を確保しつつ良好な住環境のコンパクトな市街地をめざしていくことが重要であると考えます。

もちろん、新型コロナウイルス感染症のように人と人が密に接し感染が拡大することを防ぐためには、都市空間での過密は避けねばなりません。フェイス・トゥ・フェイスでのコミュニケーションやさまざまな都市機能の集積に触れるといった都市のメリットを活かしつつ、過密を避ける空間的な余裕を確保することが重要です。集積を高めるコンパクトシティにおいても、「密集」は排除しなければなりません。公共的空間（広場・公園や道路・歩道など不特定多数が集まる空間）、私的空間（住宅やオフィス内の空間など）を問わず、余裕と魅力のあるオープンスペースや空間を確保することは、コンパクトシティの質や魅力を高めるうえでの必須条件です。

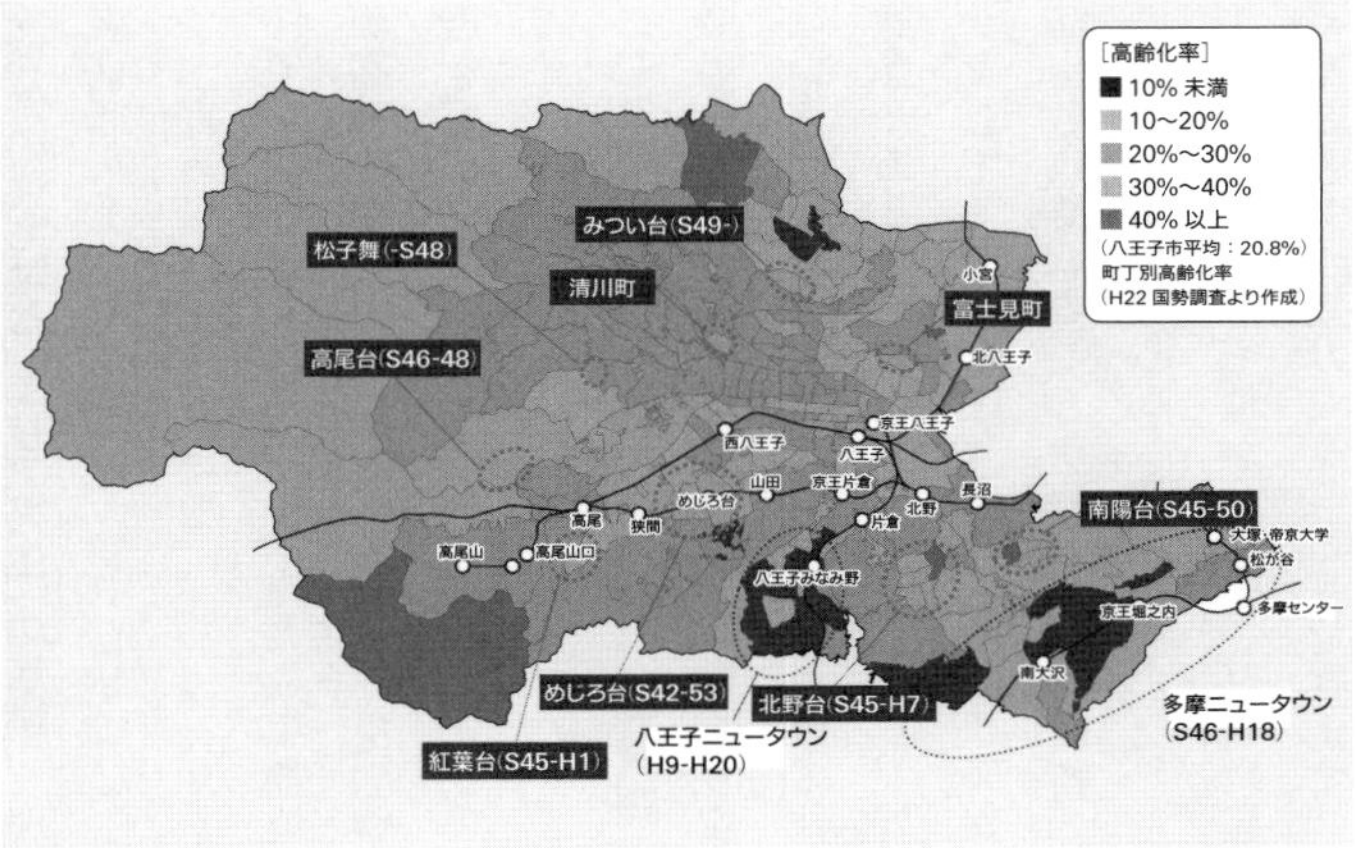

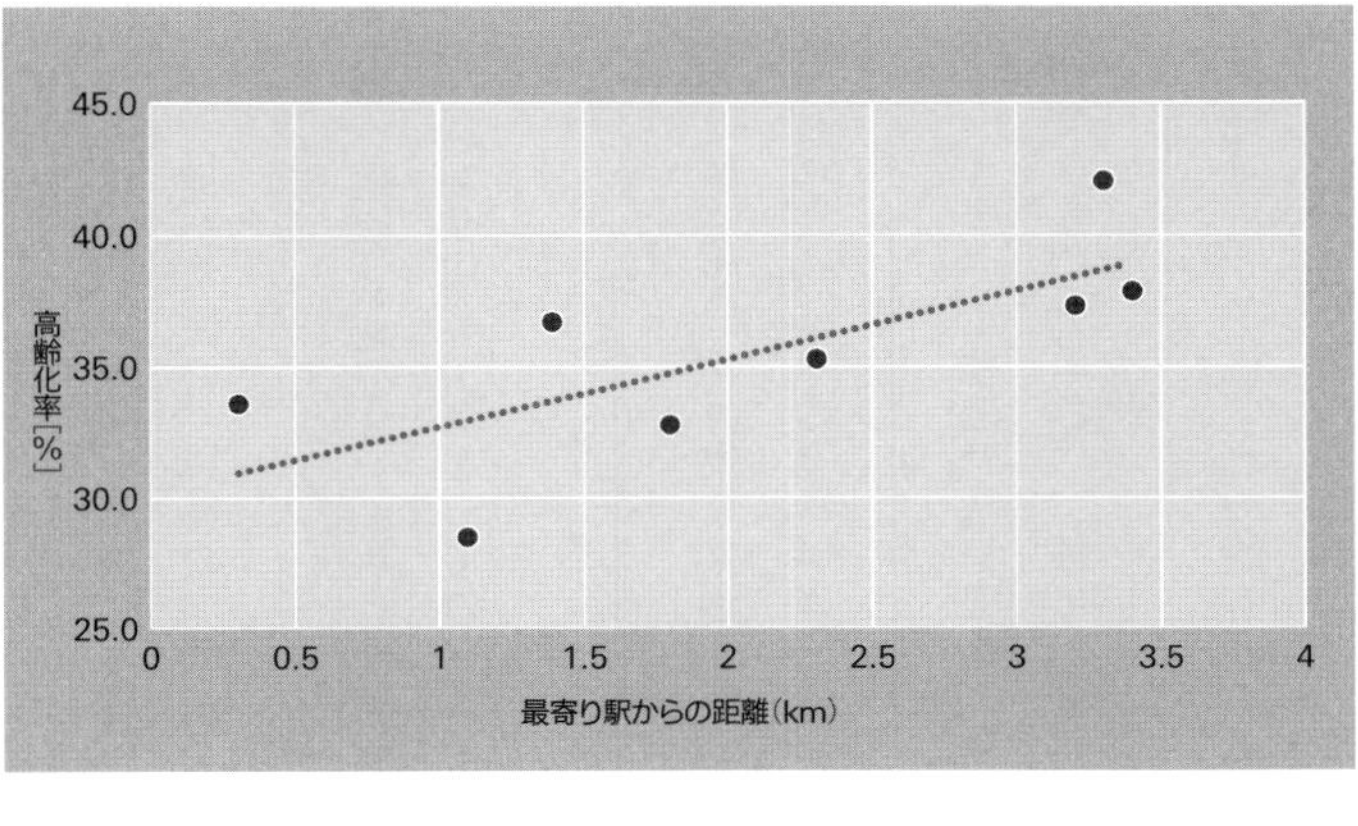

［**図2-7**］東京都八王子市の大規模に開発された住宅地と町丁別高齢化率（2010年）
出典：八王子市住民基本台帳人口（H22.3月末）「より豊かな高齢社会を目指して最終報告書」（平成24年、八王子市都市政策研究所）より作成。

●郊外の住宅地と「エリア再生」の意識

東京都八王子市の戸建てを中心とした住宅団地では、駅から遠い地区ほど高齢化が進んでいます［図2-7］。駅から遠い地区は、バスなどの公共交通が不便で、地形の高低差も大きい丘陵地に住宅が立地しており、比較的大きな敷地は分割規制もあり、若い人も手軽に購入できないことが高齢化の一因と思われます。今後、駅から遠い住宅団地では、生活の利便性の低下、空地・空き家の発生のおそれがあり、二〇三〇年には良好な住宅団地としての存続が危ぶまれる状況です。

UR都市機構（旧住宅公団）などの大規模住宅団地では、一部の建物の建替えや、空き店舗を活用したデイサービス拠点や託児所の設置などの住宅団地の再生も実施されつつあります。とはいえ、郊外で民間が分譲した戸建て住宅団地は、このようなリニューアルが進まないという懸念があることも事実です。しかし、郊外にまとまって開発された住宅地は、区画道路もしっかりしており、公園なども計画的に確保されています。土地の分割制限により土地の細分化も防止されていることから、今後も維持・管理ができるのであれば、都市の優良なストックとして活用すべきであると考えます。

個々の住宅や宅地から構成される戸建て住宅団地は、それぞれの所有者の意思により、建替えることも、処分することもできます。このことは、UR都市機構等のオーナーが存在する賃貸住宅団地や分譲（区分所有）共同住宅とは異なり、戸建て住宅団地というエリアとしての管理や再生が進みづらいという現実を生んでいます。

土地や建物を共有していない個々の所有者には、空地や空き家の管理や公共的な空間の改善など、エリアの再生を進めることについてのインセンティブが乏しいという指摘があり、当然ながら、意思決定の仕組みも確立されていません。

大都市であっても、八王子市のように郊外や縁辺部では人口減少・高齢化が今後さらに進むと、市内のすべての住宅地を存続させることは難しくなってきます。公共交通の利用の可否や、拠点へのアクセスの容易性、道路などの基盤整備状況を踏まえて、積極的に住宅地の維持や居住誘導を図る「残す住宅地」と、積極的に居住を誘導しない将来「縮退を考える住宅地」を区分したまちづくりを進めていく必要があります。立地適正化計画では、このような観点から色分けが行われています。

2.3——地方都市でのコンパクトシティとは

◉五〇万人規模の経済圏が目安

大都市より地方都市の人口減少が急激であり、三人に一人以上が高齢者という地方（最も高い秋田県では高齢化率は三六・四％〈二〇一八年〉）も多くなっています。今後もこの状況が進むと考えられることから、地方での都市構造のコンパクト化の必要性がより一層高まっています。人口規模の小さな都市では人口減少率も高くなる傾向にあります。しかし、公共交通の存続や都市機能の集積によるコンパクトシティの維持には、ある程度以上の都市規模が必要となります。

国土交通省の「国土のグランドデザイン2050」の検討資料によると、人口一〇万人以上の都市（周辺都市を含めて概ね三〇万人以上の都市圏に相当）であれば、スターバックス・コーヒーや救命救急センターなど、都市の「高度なサービス施設」が立地しています［図2-8］。また、入山章栄氏（早大ビジネススクール教授、飯田泰之他『地域再生の失敗学』）によると、三〇万人都市とその周辺を合わせて五〇万人規模の通勤通学圏域人口（都市雇用圏）があれば、一つの経済圏として成立するとのことです。よって、自立した都市として持続可能で、集積の魅力あるコンパクトな都市形成は、この規模が一つの目安と考えられます。

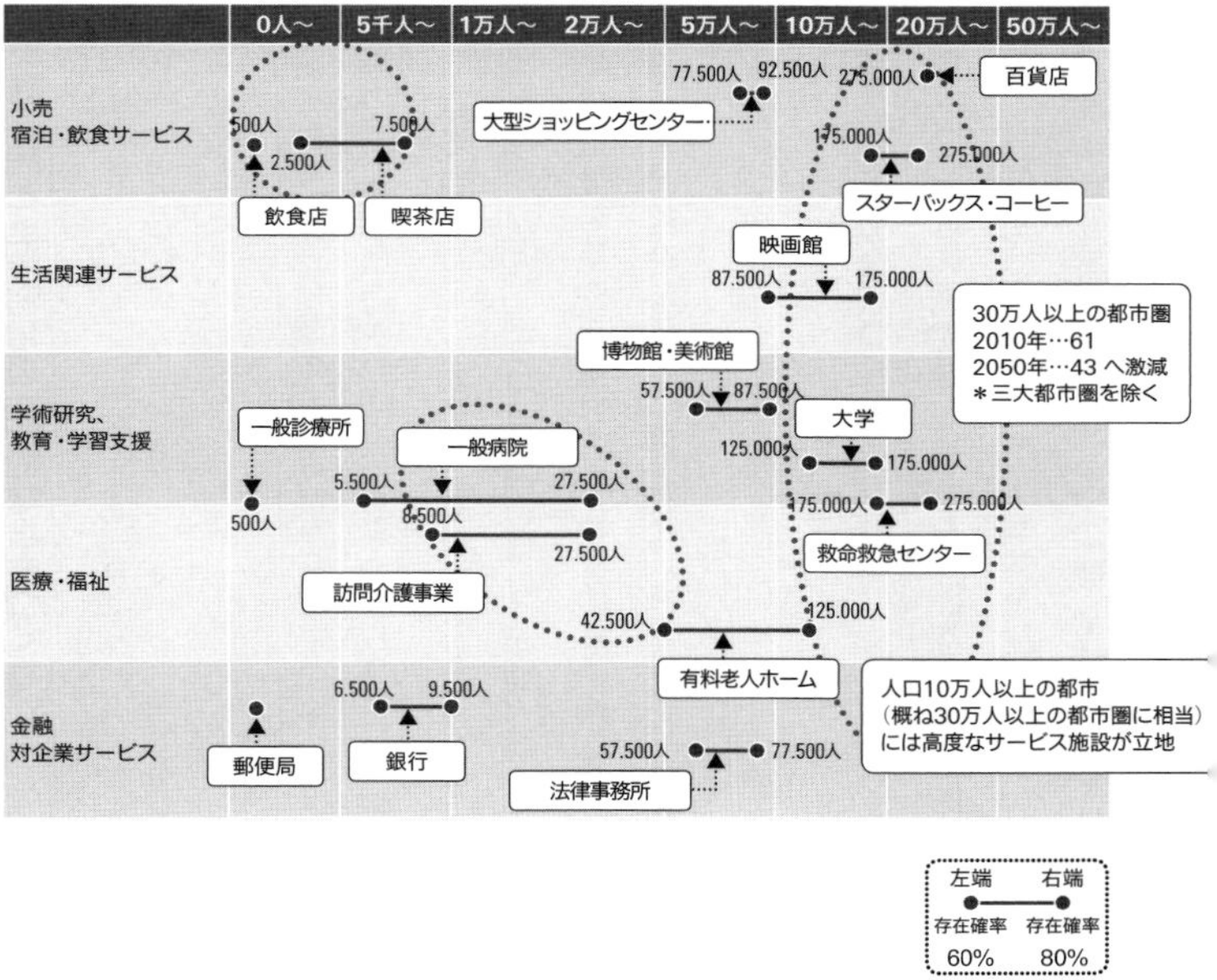

［**図2-8**］自治体の人口規模とサービス施設の立地する確率

出典：「国土のグランドデザイン2050参考資料（国土交通省、2014年7月）」

●交通手段と土地利用の一体的なまちづくり

これまで、コンパクトシティには公共交通が不可欠であると述べてきましたが、多くの地方都市では、鉄道やバスが衰退し、マイカーが通勤や生活における移動手段の中心になっています。さらに人口も減少していくことが予測されている都市では、自動車から鉄道のような公共交通への再転換は現実的ではないでしょう。このような都市では、コミュニティバスのような規模の小さな交通や、後述するような新たな技術による公共交通（自動運転など）の活用などが要となるはずです。自動車（これも後述しますが、電気自動車やパーソナルモビリティなどの活用やカーシェアリングなどによる環境負荷の低い、空間への影響も少ない交通手段）の利用を前提に、拠点への自動車の過度の集中を避けるため、中心市街地の外縁部に駐車場（フリンジパーキング）を分散配置するなど、移動手段と土地利用（拠点の形成計画など）が一体となったまちづくりが求められます。

●地方都市での拠点づくり

人口一〇万人に満たない地域を「非都市的地域」と呼ぶのには抵抗がありますが、こうした地域が、日常生活を支えるサービスを維持していくためには、隣接都市とのネットワークを強める必要があります。また、中山間地域などでは、もはや高齢化は極限に近く、「限界集落」と

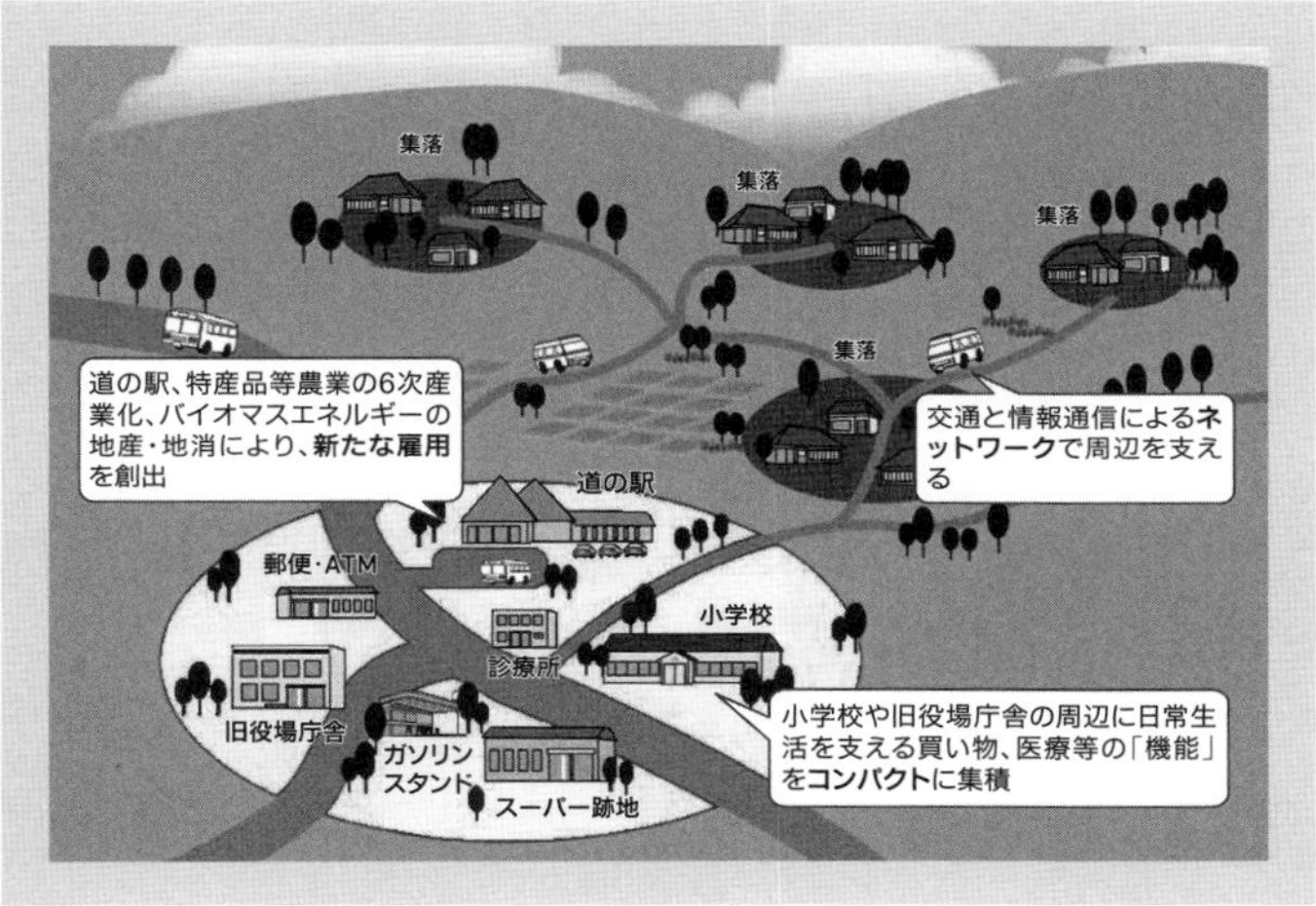

［**図2-9**］コンパクト＋ネットワークで地域を支える「小さな拠点」
出典：「国土のグランドデザイン2050参考資料（国土交通省、2014年7月）」

いった言葉に代表されるように、地域消滅の危機に瀕しているところもあるはずです。国土の荒廃を防ぎ、地域の伝統や生活を守っていくためにも、小都市や中山間地域の持続性について、コンパクトシティの観点からの考察が重要です。

このような地域では、商店、診療所など日常生活に不可欠な施設および地域活動を行う場をコンパクトに集約し、周辺地域とバスやデマンドタクシーといった交通などのネットワークで結ぶ「小さな拠点」の形成が求められています［図2-9］。この考えは「国土のグランドデザイン2050（二〇一四年七月）」に提案されています。

ただし、小さな拠点については私の「守備範囲」ではないため、他に譲るとして、本書では人口三〇～五〇万人規模以上の地方都市をイメージして書き進めることにします。

地方都市にとって、これからは「何を残すかを決める」ことこそが大切な課題です。

大都市に比べて人口密度や都市機能の集積が低く、公共交通の利便性に劣る地方都市では、県庁所在地であっても、市街地の中心部、いわゆる中心市街地の衰退が顕著です。今後、さらに進む高齢化や人口減少を考えると、コンパクト化の必要性は明白です。

しかし私は、すべての地方都市を何が何でもコンパクトにすることを提案しているのではありません。どの地域も公共交通と居住地が連携し、立地適正化計画制度のイメージ図（051ページ）のようにコンパクトになるのが理想的であると思いますが、現実的ではありません。

コンパクトシティの中核となる中心市街地は、駅と駅周辺などのにぎわいの中心部をシンボルゲートとして強調していくなど、メリハリのあるまちづくり計画であるべきだと考えます。

●中心市街地の資産（ストック）を活かす

中心市街地とは、文字どおり都市の中心をなす市街地のこと。「中心市街地の活性化に関する法律」では、中心市街地を「相当数の小売商業者が集積し、及び都市機能が相当程度集積しており、その存在している市町村の中心としての役割を果たしている市街地」と定義しています。またこの定義のほか、「土地利用及び商業活動の状況等からみて、機能的な都市活動の確保又は経済活力の維持に支障を生じ、又は生ずるおそれがあると認められる市街地」であり、「都市機能の増進及び経済活力の向上を総合的かつ一体的に推進することが、当該市街地の存在する市町村及びその周辺の地域の発展にとって有効かつ適切であると認められること」を要件としています。

市町村合併などにより、中心が一つとは限らない都市もあります。第1章で述べたように、中心市街地、とくに地方の中心市街地では商業の衰退と人口減少、高齢化が進んでいます。これまでも中心市街地のにぎわいや活力を復活し活性化を図ろうと、各地でさまざまな取組みが進められてきました。

しかしそもそも、地方都市のコンパクトシティ化にとって中心市街地は必要なのでしょうか？

大都市と同様に、中心市街地にすべての人が住み働くことを推し進めるのが「コンパクトシティ化」ではありません。大切なのは、人口や生活利便施設などの諸機能の一定規模以上の集積を保ちつつ、効率的な都市経営を行うことで、都市の活力、利便性を確保し、都市としての持続を図ることです。

自家用車があるなど生活の利便性が確保できて、働く場所などがあれば、幹線道路沿い（ロードサイド）の店舗等でも不便を感じることもなく、たとえ働く場所が点在していても事足りる、という意見もあるでしょう。

しかし、第一章で述べたように、自動車を運転できない人たち、とくに子供やお年寄りにとっては、このような都市構造では日常生活に困難が生じます。また、人口減少下における市街地の拡散化・低密度化におけるインフラなどの維持は、自治体の財政に負担となります。コンパクトな市街地づくりには、中心市街地の維持や強化こそが重要なポイントです。

中心市街地は、その都市の古くからの中心でした。これまでは、鉄道をはじめ道路などの都市基盤の投資も、中心市街地に集中的に行われており、建物などの都市のストックも集積しています。コンパクトシティ化を進めていくためには、これらのストックを活かすことが重要です。

●中心市街地を「交流の場」とする

中心市街地の活性化が叫ばれて久しく、重点は商業の活性化や振興策にあると考えられてきました。しかし、商業の活性化に焦点を当てすぎて失敗したケースもあります。たとえば、青森市で二〇〇一年に再開発事業として整備された複合商業ビルは、初年度から赤字経営が続き、ついに二〇一六年、運営母体の第三セクターが事実上の経営破綻し、ハコモノ行政の典型的な失敗と言われています。他の都市でも、新たに商業を中心に開発された施設は店舗の撤退など課題を抱えているところが多く見られます。

中心市街地の活性化に大切なのは、その都市独自の魅力とは何かを追求すること。つまり、商業、業務、教育、文化・娯楽、医療等の機能の集積を、その都市の特性に応じて強化していくことです。人口減少、高齢化が進む中心市街地では、これらの機能が存続できる需要を確保し、昼夜のにぎわいを維持していくうえでは居住人口、すなわち住宅の集積も必須となります。住宅とさまざまな都市機能が複合した集積のある都市をめざしていくことが、活性化の重要なファクターにほかなりません。

全国の諸都市において、中心市街地活性化基本計画が策定されています。この計画には、対象とする中心市街地の範囲を示すことになっていますが、多くの都市で中心市街地は広すぎるという現状が見えてきます。中心市街地の活性化には、商業の活性化だけでなく居住人口の回復なども視野に入れている施策によるものと思われます。中心市街地の範囲が広く定められているなら、コンパクトシティの「核」をつくっていく観点からすると、中心市街地のなかにさらに中心となる「コア」を定めていく方法があります。

実際、地方の中心市街地ではコアが二つあるところが多く存在します。一つは古くから（明治以前のまちの中心）のコアで、今でも県庁、市役所など行政機関や百貨店などの拠点的な商業施設、商店街などが立地し都市の中心を形成している区域です。もう一つは、その地域の中央駅となる鉄道駅周辺です。

明治以降、鉄道が敷設される際に、用地取得の容易性、あるいは蒸気機関車の煤煙を地元が嫌ったなどの理由により、多くの駅が既存のまちの中心を避けて敷設されていました。二つのコアが一km以上離れていて、徒歩では相互に行きづらい都市もあります。このような場合、鉄道駅周辺は相応のにぎわいがあったものの、「駅裏」が開発からとり残されてきました。近年では、そのような駅周辺が、駅ビルなどの開発として活用される例も見られます。背景には鉄道の貨物輸送の衰退や列車の減少によってヤードが不要となったこともあります。しかし、人口減少、需要減少のもとでは、二つの核それぞれの集積を高め、にぎわいを確保することは難しく、たとえば鹿児島中央駅や長崎駅での新たな開発が、既存の中心市街地のコア（中心商店街）の衰退を招いたとみなされています。

●生活の拠点は一つとは限らない

立地適正化計画制度でも、「都市機能誘導区域」を位置づけています。これは、都市の拠点的なエリアに生活に必要な施設（商業施設、医療・福祉施設など）の立地を集約的に誘導していく施策です。都市によってはこうした拠点をいくつも設定しています。

都市のなかの拠点は、その拠点に集積させる機能、拠点における交通の結節性などによって性格や中身が異なってきます。合併した都市などを除くと、多くの都市では中心市街地は一つであり、百貨店や市役所など、その都市に一つしかない広域的な機能が集積しています。日常生活に必要な品物は最寄りの駅前のスーパー等で買いそろえる人も多いでしょう。鉄道やバスに乗って居住地の中心市街地に出向き、買い物や食事をすることもあれば、歩いて駅前で買い物をすることもあり、最寄りの駅前も一つの拠点と言えるはずです。

つまり、拠点にはいくつかの種類やランクがあり、コンパクトシティの拠点についても、一つとは限りません。本書のカラーページ［4］は、私が策定のお手伝いをした長野市の都市構造図ですが、長野駅を中心とする広域拠点と、市内の地域の中心となる地域拠点、身近な生活拠点など、性格や役割が異なる拠点を設定しています。

地方や観光地の場合、拠点の核として幹線道路に「道の駅」を設ける方法もあります。道の駅の多くは、農作物の産地直売や名産品を販売し、観光客や車の通過客をターゲットにしているのですが、地元住民も野菜や食料品を買いに来ています。ちょっとしたスーパーマーケットのような役割も果たしているのです。この道の駅を核として、歩いて移動できる範囲に公共施設や生活に不可欠な商店（中山間部では、ガソリンスタンドなども）や診療所などが立地していれば、「小さな拠点」として、コンパクトシティの核にもなり得ます。

●シャッター街、実はまちの「うつわ」

中心市街地は、これまでにさまざまな投資が集中的になされてきました。道路・公園などの基盤や役所やホールなどの公共施設、事務所・商業施設など多くの人や活動を受けとめられる「うつわ」が整っています。この資産を活かさない手はありません。なぜなら、多くの中心市街地の商店街では、「うつわ」はあっても、空き店舗が目立ち、全国各地で「シャッター街」が出現しているからです。国では、中心市街地活性化基本計画を策定した都市を認定し、補助や支援を充実してきました。しかしながら、国の中心市街地活性化基本計画のフォローアップ調査では、活性化の目標値（例えば、商店街の売上げや歩行者通行量など）を全部達成できたところはありませんでした。平成二〇年までに策定した四二の都市で全指標が目標を達成している計画はなかったということです。

中心市街地における商業地の活性化がうまく進んでいない理由として、①車の利用が容易な郊外部の大規模なショッピングセンターの台頭、②個人事業主が多く、商店主の高齢化も進み、消費者のニーズに対応できていない、③中心部は賃料も高く、若い人などが出店しにくい、などがあげられます。

高齢化などで商売をたたんでも、困らない人も多いのです。その場に住んでいない人も多く、人々は空き家の増加によるまちの魅力が低下しコミュニティが崩壊していくことにも関心を持ちません。先祖代々の土地や建物を他人に貸すことにも躊躇し、空き家のままで残されたまちは、沈黙のまちになっていきます。全国各地の商業地の再生に辣腕をふるっている木下斉さんは、「まちの商業活性化のためには相続課税と、休眠中の事業資産への課税を強化すべき」と主張しています。土地建物の所有と利用を分離することで、まちを一体的にマネジメントしつつ、地権者にも賃料収入が入ることでウイン-ウインの関係を構築しようというものです。

そのような状況のなか、遊休不動産のリノベーションを連鎖的に展開し、建物の再生に留まらないエリアとしての再生をめざす取組み「リノベーションまちづくり」が脚光を浴びつつあります。次章で事例を含めて紹介します。

◉地域の「足」を確保するまちづくり

自家用車による移動が主となっている地方都市では、人口減少、通勤・通学者の減少と、利用者が減ることによる減便などのサービス低下といった、鉄道、バスに代表される公共交通機関の減少が続いてきました。路線廃止や廃業なども相次ぎ、地域の「足」が消滅する事態にも陥っています。

地方都市では、その多くが大都市圏におけるTOD、すなわち公共交通と都市の形成がうまく行われていません。地方都市においても、持続可能な都市となっていくためには、交通とまちの関係が重視され、「都市のスプロール化、過度な自動車依存、公共交通の衰退という三位一体の悪循環を断ち切るきっかけとして公共交通の再生から始める」(宇都宮浄人、『地域再生の戦略』)と言われています。

コンパクトシティをめざす都市構造と連携し、地域特性に応じたメリハリのある交通網、交通サービスの提供(幹線の強化ときめ細かな対応による支援や多様な手段の提供)と効率的な運用が求められています(国土交通省「地域公共交通の活性化及び再生の将来像を考える懇談会提言」二〇一七年六月)。

地方都市では、鉄道が廃止されていたり、鉄道駅がまちの中心部と離れているなどで、鉄道を軸にしたまちづくりが困難なところもあります。このような都市では、鉄道駅ではなくバスの乗り継ぎ拠点を核としたまちづくりを考える必要があります。

公共交通の持続には、第一に多くの利用者を得ることです。ヨーロッパでは、自治体が公共交通を維持するために、税金を投入していますが、日本では営利事業として、採算が重視されます。もちろん地方では、地域の足を維持するために補助等があります。それでも採算がとれず、廃止の憂き目をみる場合も少なくありません。このため、公共交通の利便性向上、需要の創出、モビリティマネジメント、多角化、地域との協働、といった多くの課題に取り組む必要があります。

●駅を都市の顔として、人とまちをつなぐ

ヨーロッパの都市では、城壁に囲まれた市街地に、教会や役所の前庭に、人が集まる広場があります。市立の広場など、人が集まる空間が歴史的に形成されてきました。日本では、そのような空間はあまり見られません。まちなかに公園のようなオープンスペースがあっても、人が集うような空間にはなっていません。

コミュニティの活性化を図るため、交流の場の創出として、駅前広場の活用をもっと進めてはどうでしょうか。人中心の駅前広場とするためには、駅直近からは道路や車両交通広場を排除する方策も考えられます。

駅と中心市街地が離れている地方都市においては、駅と中心市街地のいずれにおいても、まちの中心としての整備が進められています。旧来からのまちの中心であるエリアと、そこと比べると新しい地区といえる駅前も、土地区画整理事業などで基盤の整備と都市機能の集積が進められ、一体的な中心市街地として活性化をめざす都市が少なくありません。ただし、密度を保ったまちなかを維持しようと一体的な市街地としてビルドアップするのは人口減少下では不可能です。二兎を追うのではなく、駅中心にこだわらないまちづくりを考える必要があります。

駅周辺の土地区画整理などは最小限に抑え、駅は広域の交通結節点としての機能に特化させ、都市機能もそれに付随するものに限定してはどうでしょうか。駅周辺の都市基盤は、交通の結節機能を強化するとともに都市の玄関口としての顔づくり、都市圏の中心拠点や広場機能(公園等)などに特化することが得策であると考えます。

●都市のゆるやかな縮退(シュリンク)方策

公共交通を軸としたコンパクトシティ政策である立地適正化計画制度は、日本全国で策定が進み、東京都内でも、人口減少・高齢化が進んでいる八王子市や福生市で策定されています(二〇二〇年四月現在)。

立地適正化計画は、コンパクトシティを「誘導」するための計画制度であり、計画で位置付けられた居住誘導区域外に居住することを禁じているわけでありません。もちろん、居住誘導区域に強制的に移住させるものでもありません。この制度は、区域外での一定規模以上の開発に対して当該地域の自治体への届け出義務と、自治体からの勧告が可能となるだけで、住宅の立地に関しては規制や移転を促進する補助は今のところありません。

しかし、地方都市、とくに人口減少と高齢化がかなり進行している都市では、その先を考えると縮退(シュリンク)策が必要となってきます。もちろん、強制的な移住や居住の禁止はできませんが、時間をかけてゆっくりと縮退を図っていくことになります。居住誘導区域外に住んで間もない人たち(地価の安いところなので、若い世帯が多い)に、中心部に移ってくださいと言っても、移転費用に税金を当てないかぎり、進んで引っ越す人はほとんどいないでしょう。高齢化が進み、移動も不便なので中心部の施設に移るなどのタイミングが合わないと、現実的には外から内への移動は起こりにくいはずです。饗庭伸氏は『都市をたたむ』の中で「民間の建替え、住み替えの動きを中長期的にコントロールしていくしかない。最低でも三〇年はかかるのではないか」と語っています。

コンパクト化には時間がかかるかもしれませんが、立地適正化計画で線引きをしただけで、その間に何もアクションがないというのではことは進みません。次章では、どのようなアクションを起こすべきかを検討します。

第3章

活力あるまちづくり

3.1——えきまち一体化によるターミナルの再生

●生まれ変わる大都市のターミナル駅

コンパクトシティとしてエリアを設定し、居住やその他の都市機能を集約するには、すでに述べたとおり「誘導」だけでは進みません。

東北大学災害科学国際研究所教授の姥浦道生氏は、ドイツにおけるコンパクトシティの取組みは、「空間利用密度が下がることを生かしてミクロレベルの地区の価値を安定・上昇させる。都市の空間的広がりに配慮しつつも、それぞれの市街地空間の質の向上を図る取組み」(「新都市」平成二九年九月号)であると指摘しています。日本でも同様であると思います。行ってみたい、住み替えたい、働きたいと思ってもらえるまちづくりには、誘導したいエリアの魅力、つまり質をいかに高めていくかがポイントです。

ここでは、第2章で提案したコンパクトシティ形成の四つの戦略(拠点の魅力を上げる、公共交通とまちづくりの一体化、まちの使い方を工夫する、コンパクトシティの理解を深める)を踏まえて、コンパクトシティを具体化するためのヒントとなる取組みを紹介します。

たとえば今までの駅前広場は、鉄道とバス、タクシーや自家用車の乗換えなどの交通機能を最優先に造られることが多かったのですが、最近では人が集まる魅力ある空間として、その機能が再構築されつつあります。公共交通の結節点である駅は、交通の利便性によってその地域ならではの顔をつくりやすく、人が気軽に滞留できる場所となり得ます。

そこでまずは、新たな路線の整備や駅周辺の再開発に合わせた駅や駅前広場の再編が進められる大都市のターミナル駅から見てみましょう。

❖東京駅、歴史に寄りそう再整備

東京駅丸の内口の赤煉瓦造りの瀟洒な駅舎は、大正三(一九一四)年に辰野金吾の設計により建設されました。現在の東京駅は、この当時の姿に復原され、同時に耐震改修が施されたものです。駅舎のリニューアルと合わせて、駅前が再整備され、中央に歩行者広場が設けられました。この歩行者広場の両側にバスやタクシーなどの交通結節機能を配置し、以前は駅前広場を横切るように通っていた道路が広場の外周に付け替えられました。このように駅と皇居・行幸通りを結ぶ軸線に歩行者広場を確保することにより、皇居を正面に頂く東京の「顔」の創出と、人々が集う新たな場所を生み出しています。

反対側の八重洲口は、駅舎の「歴史性」を象徴する丸の内口に対し、「未来」を象徴する玄関口と位置付け「先進性・先端性」を表現、「光の帆」を表現、「光の帆」をデザインコンセプトとした大きな膜屋根（グランルーフ）が架かる駅前広場が二〇一四年に整備されています［写真3-1］。

東京駅八重洲口開発と一体的に整備された駅前広場は、もともと手狭だった広場の奥行きを拡張し、バスやタクシーなどの交通結節機能の改善と、広場の通路空間を広げて、歩行者や広場利用者が使いやすい駅前空間を生み出しています。

東京駅周辺は、日本屈指のオフィスなどの需要が見込まれる地区であり、都市計画としても大規模なビルが建築可能となるよう、容積率（敷地面積に対する建築可能な延床面接の比率）も高く設定されています。三階建ての東京駅丸の内駅舎は指定されている容積率をすべて使っていません。エリアのポテンシャルを活かし、歴史的建造物であるこの駅舎を保存するため、駅舎の未利用容積分を周辺の開発プロジェクトに移転することで、駅舎の保存・復原費用を賄っています。こうした未利用容積の移転は、都市計画の「特例容積率適用地区制度」を活用した事例です。

❖歩行者空間の拡充が進む大阪駅

大阪駅では、駅の北側に広がる貨物ヤード跡地の開発が進められています。二〇一三年には、先行開発区域として二四haのうち七haで、駅前の広場や多目的ホール、高層オフィスビルなどが「グランフロント大阪」として開発されました。駅前に広がる歩行者のための「うめきた広場」と歩行者デッキで結ばれたオフィスタワーは、大阪駅と直結しています。

駅舎にはアトリウム空間があり、駅周辺にも歩行者空間の拡充が進められて来ました。グランフロント大阪に隣接するエリアは、「うめきた二期」として、四・五haの広さの公園が中央に設けられ、さらに健康医療施設、コンベンション施設などが二〇二七年の竣工をめざし整備される予定です。大阪駅に隣接した大規模な公園は、林立する高層ビルと相俟って、これまでにない大都市のターミナル駅前の新たな景観を生み出し、さらに人の集まる空間としての充実が期待されています。

❖縦軸方向の動線を整備する渋谷駅

信号が青になると駅前の巨大な交差点の四方か

［**写真3-1**］東京駅八重洲口の歩行者デッキ・大屋根（グランルーフ）が、新たなランドマークとなっている。 Photo: Rainer Viertlövock

ら歩行者が一斉に歩き出し、四方八方に行きかうスクランブル交差点の情景は、海外からの観光客がスマートフォンなどで撮影するなど、日本を代表するような「観光地」となっています。ハロウィンや新年カウントダウンのイベントでは、身動きできないほど多くの人々でごった返します。平日でも、通勤・通学・買い物へと、渋谷駅には一日当たり三百万人以上の鉄道の乗降客が行き交います。

渋谷駅には四社九路線の鉄道が乗り入れ、駅前広場には、都内最大の路線バスターミナルがあります。しかし、渋谷駅は、戦前から繰り返されてきた増改築で乗換動線が複雑化し、地下を重層的に乗り入れる地下鉄や高架のJRと東京メトロ銀座線などの乗換えの上下移動は、バリアフリー未対応となっています。そればかりか、そもそも歩行者空間が不足し、多くの人が行き交う空間や機能に課題を抱えていました。

そこで、渋谷駅が位置する谷型の地形を生かし、乗換えを便利にわかりやすくしようと、地下と地上をつなぐ空間により、周辺への人の流れを生み出す取組みが進められています。多層な都市基盤やまちを上下につなぎ、地下およびデッキから地上へ人を誘導、また、横方向への動線を結ぶユニバーサルデザインに配慮した「アーバン・コア」と呼ばれる縦軸方向の動線の空間整備が実施されています（カラーページ［2］）。

駅周辺では、これらの交通結節点や広場（ハチ公前広場など）整備と一体的に大規模な商業施設やオフィスなどが入る超高層ビルが数多く計画、整備されています。まさに、「駅まち一体開発」が動いているのです。その特徴は、すり鉢状の谷地形を活かし、歩行者デッキやアーバン・コアなどを利用した立体的なまちづくりです。くわえて、駅前を流れる渋谷川の再生と川沿いの歩行者空間の整備などがあげられます。駅前の開発ビルに入居する企業や施設には、先端的なＩＴ企業やイノベーションを生み出す多くのクリエイティブ・ワーカーが集結し、渋谷は「生活文化」と「クリエイティブ」が融合する新しいまちに生まれ変わりつつあります。

●にぎわいを駅前に、地方都市の取組み

「駅まち一体化」は、大都市の巨大ターミナル駅だけでなく、地方都市の駅でも進められています。駅とその前に広がるバスやタクシーなどのロータリーがある従来の駅前空間ではなく、人が集い、さまざまな交流が展開される本来の広場が駅前に形成されています。

❖市民の思いを映す姫路駅前の空間

世界遺産姫路城を真正面に望む姫路駅は、人口約五三万人を擁する兵庫県南西部の中核的な都市の中心駅です。姫路城と姫路駅の間には、戦後の戦災復興で整備された大通り（大手前通り）が走り、姫路のシンボルとなる軸を構成しています。

姫路駅から姫路城に至るエリアは、古くから商業の中心地として栄えてきましたが、ご多聞に漏れず中心市街地の活力低下が進んでいました。そこで、姫路駅周辺では、既存の鉄道を高架化（連続立体交差事業）し、土地区画整理事業による駅ビルの移転やその跡地の有効活用が計画されてきました。既存の駅前広場や大手前通りの再整備により、旧広場の二・五倍の規模の駅前広場が整備されることにより、人が多く集まる魅力ある空間が再生されました（カラーページ［3］）［図3-1］［写真3-2］。

二〇一一年度から本格的に始まった駅前の再編整備は、市が提示した計画案に対して市民から代替案が提出されるなどしました。全国の大学院生などを集めたワークショップで計画案が提示され、市民を巻き込んだ議論がなされてもいます。さらに、市民フォーラムや交通計画の専門家による公開ワークショップで、整備についての提言がなされるなど、市民、行政、専門家が連携して駅前広場の基本設計が進められてきました。こうして、どこでもあるような交通広場主体の配置だった当初の計画案は、市民の多様な思いが込められた唯一無二の駅前空間の誕生へと結実しています。

車道は大幅に削減され、歩行者中心の駅前広場空間と姫路城を眺望できる展望デッキ、地下通路や地下広場と接続し地上と連続した広場空間であるサンクンガーデン（立体広場）、人が中心でバスなどの公共交通のみが通行可能なトランジットモールなどができあがり、人の集まる

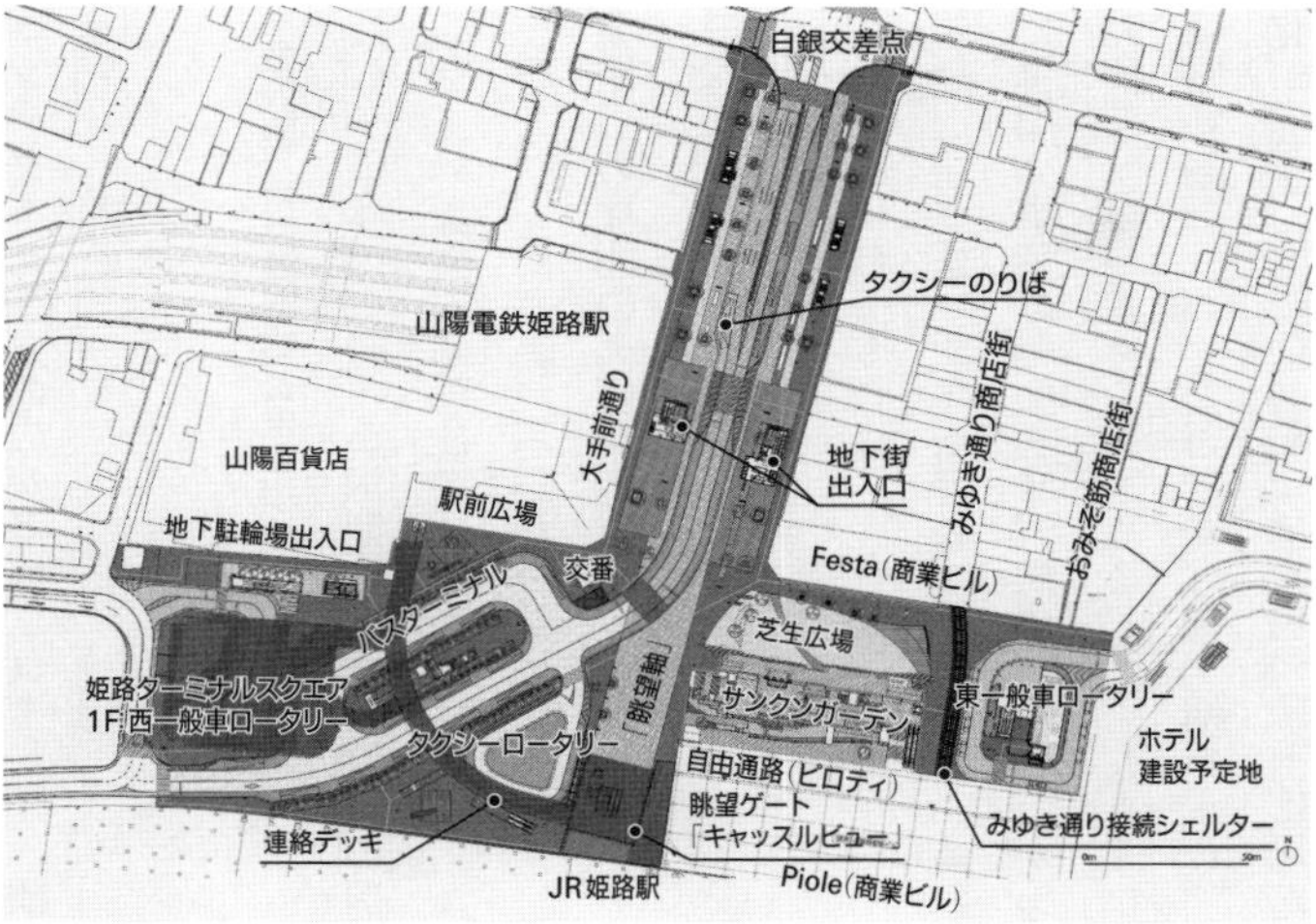

［**図3-1**］姫路駅前および大手前通りにかけての整備計画図
出典：山口敬太、福島秀哉ほか著・編『まちを再生する公共デザイン』学芸出版社
［**写真3-2**］姫路駅前のサンクンガーデン、親子連れなどでにぎわう。　撮影：日建設計シビル

コンパクトシティの核が形成されました。駅前広場に直結したトランジットモールは国内初ということです。

❖金沢駅、新幹線開業とまちづくり

二〇一五年の長野〜金沢間の北陸新幹線の開業は、長野駅、富山駅、金沢駅などを生まれ変わらせています。新幹線の駅舎が新設され、駅前広場も整備、在来線や他の交通機関（路面電車やバスなど）との乗換えの利便性も向上しています。また、人の集まる空間を整備するなど、商業施設の機能の充実が図られています。

このうち金沢駅では、鼓門《つづみもん》やドームなどシンボル的な景観と地下を活用した広場が特徴的です［写真3-3］。米国の旅行雑誌「トラベル・レジャー」で、「世界で最も美しい駅」の一つに日本から唯一選ばれてもいます。

金沢駅では、北陸新幹線開業のはるか前から、駅前から市街地の中心部に至る「都市軸」上に再開発事業を集中させ、駅西側の新市街地の形成など都市構造を大きく変えるような整備が時間をかけて進められてきました。たとえば駅の東口では、一九七〇年代から都市軸にあたる道路整備と合わせた再開発事業が進められ、一九九一年には新幹線開業もにらんだ線路の高架化が完了、二〇〇五年には東口の駅前広場が、さらに新幹線開業に合わせて西口の駅前広場も

提供：シャッターストック

[**写真3-3**] 木製の「鼓門」が印象的な金沢駅兼六園口を入ると巨大な総ガラス製のドームへ。北陸新幹線の延伸を見越した駅周辺の整備により、世界的にも美しい駅として高評価を得ている。周辺には大型商業施設や宿泊施設、バス乗り場などが集積している。

再整備されました。

市街地中心部への玄関口となる東口は、駅と駅前広場の間に、雪の多い気候にも対応できる大きなガラスドーム（傘をイメージしてデザインされた「おもてなしドーム」）が建設されています。地下は、文化交流スクエアとして、イベント開催などによる交流や情報提供などの機能を果たしています。地下では北陸鉄道の浅野川線とも接続、交通結節点としての利便性も向上しています。

❖歩きたくなる、旭川駅とその周辺

既存の鉄道を高架にすることに合わせて、駅舎や周辺のまちの再整備が実施される例もあります。北海道の旭川駅は、鉄道を利用するためだけでなく、「北彩都あさひかわ整備事業」として、ショッピングセンター、病院、公園などが一体的に整備され、街の核となっています［写真3-4］。

北海道で二番目に人口が多い都市・旭川には、日本で初めて歩行者用道路（いわゆる歩行者天国）を設けたことで知られる旭川平和道買物公園があります。駅前広場からこの商店街が連続した歩行者空間となり、回遊性が確保されています。

駅舎は外壁がガラス張りとなっていて、広いコンコースに繋がる南側の広場からは、雄大な忠別川、駅と川の間の公園（あさひかわ北彩都ガーデン）を見渡すことができます。またコンコースに隣接して直接アクセスできる大規模集客施設（ショッピングセンター、シネコン、ホテル等）があります。

旭川の地場産業である家具をPRするために、駅構内にテーブルや椅子などを展示し、訪れる人は自由に利用しています。夏休みに私が訪ねたときには、観光客が休憩したり、地元の学生たちが勉強したり、思い思いに過ごす人たちののどかな時間の流れを感じました。

このように旭川駅とその周辺は、歩いて移動できる距離内にさまざまな都市機能を集積させ、コンパクトシティの中心拠点の役割を担っています。

［**写真3-4**］旭川駅構内に展示されたテーブルや椅子は旭川で製造されたもの。多くの人々に利用されている。

❖延岡駅、複合施設に図書館やカフェも

これまで紹介した駅の中には、姫路駅や金沢駅のように新幹線が停車し、一日の乗車人員も数万人という規模の駅がありました。また、新幹線こそ通っていないが旭川駅は、北海道で二番目の人口規模をもつ都市の中心駅、交通の一大結節点であり都市の拠点の役割を担っています。

ここでは、多くの鉄道利用者や乗換えなど、交通結節点の機能は大きくない(延岡駅の二〇一八年度の乗車人員は一日あたり一二二六人)ものの、地域の拠点として人の集まる機能や空間づくりに力を入れた駅を見てみましょう。

宮崎県北部の中心的な都市である延岡市は、旭化成の創業地であり、工場群があるいわゆる企業城下町です。近年は、人口の減少、産業活

[写真3-5] 宮崎県の延岡駅に隣接するエンクロスは、便利でおしゃれな駅前複合施設。2020年日本建築学会賞(作品)授賞

動の停滞等により活力・活気が低下してきました。郊外での商業施設の増加などの影響もあり、延岡駅近くの中心市街地の商店街はいわゆる「シャッター通り」となっていました。

二〇一八年に整備された延岡駅前複合施設では、駅の待合機能に加えて、市民活動の場、キッズスペース、読書、カフェ、地域情報拠点など多目的な機能・空間を備えています（カラーページ［3］）［写真3-5］。本を貸し出す図書館機能はないものの、書店と図書館を融合させたような蔦屋書店の約二万冊の図書は館内で自由に閲覧することができ、同じく館内のスターバックスで本を読みながら憩うこともできます。この施設は、蔦屋書店を経営するCCC（カルチュア・コンビニエンス・クラブ）が指定管理者として運営しており、駅のさまざまな集まり・交流する

［写真3-6］長野県の茅野駅周辺も人が集まる施設の開設によってにぎわい空間となっている。

機能を提供しています。

　地方では、一時間に一本あるかないかのダイヤの駅も多く、列車の到着を待つ比較的長い時間があります。読書をしたりカフェで語り合ったり、退屈になりがちな待ち時間を有効活用できるというものです。

　この延岡と同じく、長野県の茅野駅でも人の集まる空間や機能に焦点をあて二〇〇五年に市民ホールや図書館などを設けた茅野市民館を駅前に開設しています［写真3-6］。市民参加により整備された駅前施設の先駆けとなりました。

　以上、姫路駅、旭川駅、延岡駅、茅野駅では、整備にあたって計画段階で多くの市民や専門家が関わっています。計画や設計段階での市民の参加は、ユーザー目線での計画・設計が図られるだけではなく、市民それぞれが自らの駅や広場として、完成後の利用や維持・管理までも意識することにつながります。

3.2――まちの価値を高めるまちなか再生

●まちなかにターミナルと広場をつくる

人の集まる広場は駅前とは限りません。市街地に設けられたバスターミナルなども交通の結節点であり、中心市街地との連携により、人の集まるにぎわい空間になり得ます。

駅と既存の中心市街地が離れていて、駅周辺に集積が見られないという場合もあります。都市の規模によっては、既存駅や新駅（例えば新幹線開通に伴う新駅など）中心に整備を行い、既存の中心市街地の公共交通利便性（結節）を向上させるとともに、にぎわいの広場をつくることもあります。

❖熊本の市街地、注目の新拠点

熊本市では、熊本駅前で大規模な駅ビル整備が進んでいます。駅から離れたバスターミナル跡地でも、再開発事業により、二〇一九年九月に大型複合施設「サクラマチクマモト」が開業しました（カラーページ［3］）。

この再開発事業は、日本最大級のバスターミナルに加え、大規模商業施設、公益施設（ホール）、ホテル、住宅、シネマコンプレックスなど、多様な用途が一体となった複合施設で、階段状の曲線テラスのデザインが特色となっています。災害発生時には、約一万一千人の帰宅困難者を受け入れることができるうえ、電気や給排水の機能を三〜四日分は維持できるということです。

開発エリアが面する道路は、シンボルプロムナードとして歩行者空間に再整備され、一体的な歩行者空間を形成しています。

サクラマチクマモトは、人が集まるための手段（路線バス）のターミナルとにぎわいや安全の核として、既存の中心市街地との一体性や熊本のシンボルである熊本城とのつながりも確保しています。周辺のまちとの関係性を保ち、施設の庭と熊本城を一つの風景のように見立てて、域外・域内の人々をもてなす空間を創出するサクラマチクマモトは、人が集まるコンパクトシティの拠点の新たな代表例となるかもしれません。

●既存の施設や空間を活かし、まちの価値向上へ

人が集まる建物や広場などの空間の整備は、まちづくりの重要な要素ですが、それだけではにぎわいは確保できないことは、これまでの失敗例を見ても明らかです。「箱モノ」という言葉がありますが、うつわだけではまちづくりは完成しません。ではどのようにして、にぎわいや潤

いを生み出し、まちの価値を高めることができるのでしょうか。

まちづくりには、人を惹きつけ、さまざまな活動が生まれる環境づくりが不可欠です。それには地域独自の課題を明確にし、その課題を解決するアプローチが重要となります。前節で紹介したような、新たな開発や施設を建てる方法もありますが、整備には莫大な資金が必要です。とくに地方においては、人口減少や超高齢社会による市場の縮小により、民間投資も望むことはできず、行政も税収減やこれまで整備してきた施設の維持・管理の費用増により、新たな開発や施設建設は難しいのが現状です。

どこの都市でも、時代の変化により利用率が減ってしまった道路や公園などの公共空間、空き家や空きビル、空地等の民間不動産などがあります。遊休化・余剰化しているこれらの空間資源を、地域と時代のニーズに即した機能へ転換、再生、活用しようという動きがあります。日建設計総合研究所では、このような都市の公共的空間をＰＰＲ（Potential Public Resource）と名付け、身近な環境の中からいかにして発掘し、活用するかを追求しています。

まずは、既存の空間資源「優れた立地」、「魅力的な環境」、「良好なストック」に着目することです。「優れた立地」すなわち立地条件の良い場所は、多くの人、多様な人々に利用してもらえるニーズの高い土地であることを意味します。景観が良い、緑が多い、魅力的な店舗が多いなど「魅力的な環境」は、人に愛される場所としての高いポテンシャルを有するということです。

さらに、都市として大きな投資が行われた場所（再開発で整備された場所や市民ホールなどの公共施設など）は、市民にとってかけがえのない、人を惹きつけやすい「良好なストック」であると考えられます。

そのうえでなおも大切なのは、ユーザーの視点で、人間中心の居心地の良い環境を作ることです。人々が集まり、さまざまな活動や交流が展開される場となるには、作り手ではなく使い手の思い次第だからです。

❖松山市の大街道《おおかいどう》商店街

四国最大の都市である松山市の大街道商店街は、開閉可能なアーケード屋根の下に人が歩く幅員十五mの空間があります。日建設計総合研究所では自主研究として、二〇一五年にこの商店街の市道を活用して可動のテーブルや椅子などを期間限定で設置し、市民にまちのリビングのように使ってもらう社会実験を実施しました［写真3-7］。

道路の幅員の余裕を活用して居心地のよい場を提供する試みにより、道路という空間の新たな可能性が認識され、その後、形を変えながらもこのような滞留空間を一年を通じて設置・管理する取組みが行われています。

◉民間主導によるエリアマネジメント

個性豊かで活力に富むエリアの形成および継続には、これまでのように都市基盤や空間を整備するだけでなく、その維持・管理・運営といった、まち（エリア）の単位でマネジメントしていく必要があります。

一定のエリアを単位に、民間（企業、地域住民、あるいは働いている人など、さまざまな形で関わる人たちを含む）が主体となり、まちづくりやマネジメント（地域経営）を積極的に行っていくことがエリアマネジメントです。エリアマネジメントによって、快適で魅力的な環境、美しいまち並み、安全・安心な地域づくり、また良好なコミュニティ形成、地域の伝統・文化の継承などによる地域価値の維持・向上がもたらされます。要するに、その土地ならではのブランド力の向

［**写真3-7**］松山市、大街道商店街での社会実験の様子。植栽や照明でリビング感を演出。

上につながるはずです。

❖エリアマネジメントが実施される「大丸有」

「大丸有」という略称で呼ばれている大手町・丸の内・有楽町（東京都千代田区）エリアは、質の高い都市空間形成と多様なソフト的な事業が展開される駅周辺におけるエリアマネジメント実施拠点の代表格と言えます。

地区内の関係者により、一九八八年にまちづくり協議会が設立されました。その後「ソフトなまちづくり」を実践するエリアマネジメント協会をはじめ、社会課題の解決や企業連携によるビジネス創発を具体化する組織が設立され、多様なエリアマネジメント団体が互いに連携・補完し、「新しい価値」「魅力とにぎわい」づくりをめざしています。

二本の東西の幹線道路に挟まれた丸の内仲通りは、「人が中心」の空間へと道路空間が再配分（道路空間を拡幅せずに、車道を狭く、歩道を広くした）され、公共空間を活用したオープンカフェや広告事業などを実施しています。そしてその収益を、まちの魅力向上に役立てるための仕組みづくりが進められています。

❖札幌駅前通り地下歩行広場

二〇一一年、札幌の市営地下鉄南北線さっぽろ駅と大通駅の間をつなぐ、札幌駅前通りの真下にある延長一・九㎞の地下空間（地下道）が整備されました。「チ・カ・ホ」と呼ばれるこの地下歩行空間では、まちづくり会社が管理運営と収益事業を実施しています。にぎわいづくりに寄与する一般の取組みなどに対しては、有料で備品等の貸出しを行っています。また、壁面などを活用しての広告事業による収益の一部は、地域のまちづくりの財源とされています。

エリアマネジメントは、そのエリアがかかえる課題の解決に取組み、エリアの価値を高める活動です。海外では、エリアマネジメントとして、ＢＩＤ（Business Improvement District の略）という仕組みを活用し、エリアの治安・防犯、清掃などの課題解決が進められています。

米国などで導入されている特別区制度の一種であるＢＩＤは、地域内の地権者に税徴収と同様に徴収される負担金を原資とし、地域内の不動産価値を高めるために必要なサービス事業を行うものです。日本では法制度もないことから、導入が進んでいませんでしたが、大阪市が二〇一六年に条例（大阪エリアマネジメント活動促進条例）を制定し、大阪版ＢＩＤを進めています。

エリアの価値を高めるには、歴史資源や地域ブランド資源などエリア固有の資源を活かすことであり、環境・エネルギー、イノベーションに関する課題解決に取り組むことです。こうしたエリアマネジメントが、地域の価値向上につながり、コンパクトシティの核となり得るはずです。

●不動産ストックのリノベーション

人口減少などを背景に、都市のスポンジ化が生じます。その空隙の原因となる空き家、空きビル、空き店舗などの活用も、拠点の魅力を維持するための重要な課題にほかなりません。

一つひとつの空き家や空地の活用、再生に留まらず、遊休不動産のリノベーションを連鎖的に展開し、エリアの再生をめざす取組みが各地で進められています。

苦しい財政状況にあっても、行政に求められるのは公共サービスの質を高めること、かつコストの削減です。そこで、老朽化や需要に合っていない建物等を修復・再活用を連鎖的に行う、リノベーションまちづくりに取り組む地域が増えています。この方法により、地域ににぎわいを取り戻し、雇用を創出し、人口を回復させ、自律的な経済の活性化を図ろうというのです。行政が民間と協働し、やる気のある人材を発掘、育成し、彼らの主体的な参画を促すとともに、適正な利益を生み出すことのできる民間主導・行政支援のまちづくりが期待されています。

❖北九州市のリノベーションまちづくり

北九州市小倉区魚町には、日本初のアーケードの商店街といわれる銀天商店街などがあり、北九州市を代表する商業地です。しかし近年は、郊外での大規模商業施設の立地や福岡市との競合により、空地、空き店舗が増加し、商業地としての衰退が顕著でした。そこで、空きビル、空き店舗の賃料を安くし、若い人や主婦などが借りやすくしました。その結果、空き店舗のリノベーションによりまちににぎわいを取り戻し、新規の開発を誘発するという好循環を生み出しています。遊休不動産のリノベーションの連鎖的な展開は、個々の建物の再生に留まらないエリア再生につながります。北九州市におけるこのリノベーションまちづくりをお手本に、全国にリノベーションによるまちづくりが広がっています。

不動産の再生により、新たな雇用、産業とコミュニティの再生をめざした「小倉家守構想」のもと、㈱北九州家守舎などが十数件の遊休不動産の再生と数百人の雇用を実現しています。二〇一一年からは、北九州市の支援のもと、リノベーションスクールが開催され、民間と公共の不動産再生を通じて、まちをリノベーションする手法を学び、実践しています。これにより、まちを活性化する人材の育成、新規需要の開拓、リノベーション案件の発掘がより盛んになっています。

❖門前町、長野市における不動産の再生

長野市は古くから市中心部にある善光寺の門前町として発展してきました。この地が戦災を被っていないこともあり、蔵づくりの古い家屋なども残っています。ところが、それをまちづくりにうまく活かせず、商業地としての中心は約一キロメートル離れた長野駅の周辺エリアにとって代わられていました。

そこで民間が主体となって、門前のエリアで多数の蔵や古民家を再生させるようになると、市外からの移住者も増えました［写真3-8］。さらに不動産、建築、メディアなどの専門家が連携し徐々にまちが変化してきました。空き家見学会の開催、不動産の仲介、設計や工事まで実施できる体制があることなどが成功の鍵となっているようです。

［**写真3-8**］長野市、善光寺の門前町として栄えていた頃をしのばせる古民家が再生され、おしゃれなカフェなどになっている。

◉補助金に頼らない自立する取組み

地方都市の中心市街地の活性化や駅周辺の拠点整備には、多くの場合、国や自治体の補助金がつぎ込まれています。ところが、施設整備はしたものの当初の見込みから需要が大きく下回り、施設運営も赤字つづきに陥るケースがあります。補助金や公に過剰に頼ることなく、自らの収益により持続的に運営されること、またそれがきっかけとなって経済波及効果が生まれることが肝心です。

公民が的確に連携し、補助金に過度に頼らずに進められてきた開発事例として、岩手県紫波《しわ》町《ちょう》のオガールプロジェクトがあります［写真3-9］。このプロジェクトは、紫波中央駅前の未利用地（町有地一〇・七ha）に、公園・広場や役場の庁舎、分譲住宅、宿泊施設、バレーボール

［写真3-9］岩手県紫波町オガールプロジェクトにより生まれた施設と活用する人々。

専用体育館、図書館、産直マルシェ、フットボールセンター等を、民間の活力を導入して整備した事例であり、補助金に依存しないまちづくりの実践が最大の特長です。地域の需要を適正に把握したうえで、施設の整備と運営にかかる費用と収入をバランスさせ、施設規模や施設の内容を設定しています。

オガールプロジェクトでは、バレーボール専用体育館といった新たな需要の掘り起しを通じ、まちづくりの可能性を広げてもいます。また、地産地消となる木材等による住宅建設や、バイオマスによる環境に配慮したエネルギーの採用等、環境にやさしいまちづくりを実践しています。

3.3——コンパクトシティを支える足の確保

●多様な公共交通のサービス

人が集まる拠点には、商業、業務、文化施設、公共施設などの機能だけではなく、集まって住み、必要な施設などに歩いて行くなど気軽にアクセスできることが理想です。とはいえ、誰もが人の集まる拠点の近くに住んでいるわけではありません。

超高齢社会に対応し、住まいから拠点へのアクセスを自家用車に頼らないようにするには、鉄道やバスなどの公共交通が不可欠です。しかし、地方都市など人口減少および市街地の拡散が進む地域では、これら公共交通の廃止、減便などが進んでいるというのが実態です。

こうした地域では、行政が主体となって地域内の移動をサポートするコミュニティバスを運営しているところが多いのですが、サービスの提供形態は利用者数（需要）やニーズに応じてさまざまです。

地域内の移動に欠かせないバスは、路線バスやコミュニティバスのような決まったルートを時刻表に基づいて運行する形態だけではなく、電話等であらかじめ連絡し、それに対応して運行されるデマンドバスやデマンドタクシーのような形態があります。スクールバスと一般客が混乗したり、路線バスに宅配便の荷物を混載するような複合目的バスなど、路線バスだけでは事業が厳しいという場合も、工夫して地域の足の確保に取り組んでいます。デマンド交通などの予約や運行ルートの最適化にはＩＣＴの活用も有効です。

このようなコミュニティバスやデマンド交通は自治体による事業ですが、実際の運行は民間に委託されていることがほとんどです。これらの事業は、運賃収入だけでは成り立たず、赤字を自治体が負担、すなわち税金で補われています。コンパクトシティをめざすことで、このような公共負担の軽減とともに、誰もが必要な移動手段を確保するための負担への理解を得ていくことも重要です。

需要が限られている、必要とされる範囲が広すぎるなどにより、これらの公的な移動手段が確保できないこともあります。このような場合には、住宅団地の自治会が自主運営するバス、地域のＮＰＯ等が行う有償輸送、ボランティアや住民互助による輸送など、さまざまな取組みが模索されています。

●まちの形が「引きこもり」をなくす！

公共交通機関が使えず、自家用車の利用もできない高齢者は、体力や健康上の問題もあって、外出の機会が減るものと予測されます。外出せずに一日中閉じこもるようになると、運動不足になり、誰かと話す機会も減ります。視覚・嗅覚・聴覚に与えられる刺激も極端に減少し、能力の低下を招くといわれています。認知症やうつ病の発症にもつながりかねません。気軽に外出できるような環境を提供できるコンパクトシティの形成が待たれる理由でもあります。

高齢者の外出機会をつくり、世代間交流や博物館・美術館等の利用を促進する取組みの一つに、富山の「孫とお出かけ支援事業」があります［写真3−10］。おじいさんやおばあさんが、孫と市内の博物館、美術館などを利用すると、入園料・観覧料が無料になるサービスが、富山市をはじめ一三市町村で提供されます。高齢者の外出機会の増加はもちろん、公共交通の利用促進にもつながるものと期待されています。

よく歩くことによる健康増進も、超高齢社会

［**写真3−10**］「孫とおでかけ支援事業」のお知らせ。13市町村が連携している。

の負担を軽減するためには大切なことです。これからのコンパクトシティには、歩いて楽しい、歩いてみたくなるようなまちづくりが欠かせません。国土交通省の資料（まちづくりにおける健康増進効果を把握するための歩行量〈歩数〉調査のガイドライン〈二〇一七年〉）によると、人口密度と一人当たりの歩行量には正の強い相関が見られることから、コンパクトシティにより人口密度を高めることが、歩行量の増加につながるものと予測されます。

ところで昨今、外出機会の減少が案じられるのは、高齢者に限ったことではありません。むしろ高齢者の外出機会は、増加傾向にあるとも言われています。国土交通省が定期的に実施している人の動きの実態調査（平成二七年全国都市交通特性調査）によると、調査日に外出した人の

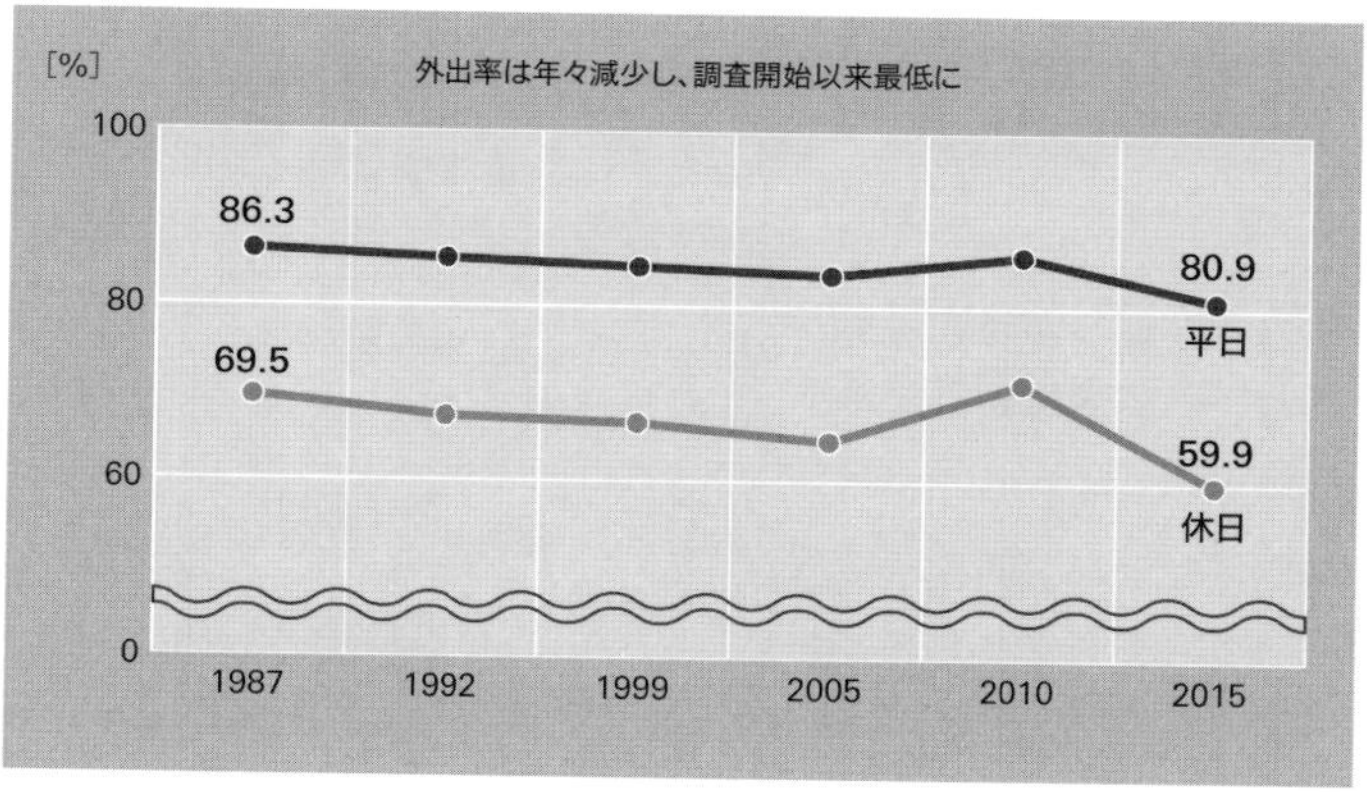

［図3-2］外出率（調査対象日に1日1回は外出した人の割合）
出典：「全国都市交通特性調査（2015年）」、国土交通省

割合や一日の移動回数が調査開始以来最低になったとのことです［図3-2］。この傾向は二〇代（特に男性）に顕著で、その移動回数は七〇代を下回る結果となっています［図3-3］。買い物はネット通販、映画もネット配信などで、外出せずとも生活できる状況にあるからなのかもしれません。

それでも、外出してみたくなるまちをつくり、若者の「引きこもり」をなくしたいと願うのは、私が彼らよりも一世代古い人間だからでしょうか。

●鉄道沿線で取り組むまちづくり（エリアブランディング）

大都市でも、人口減少や高齢化は他人事ではありません。すでに述べたように、戦後の高度経済成長期、鉄道沿線に面的開発された大都市の

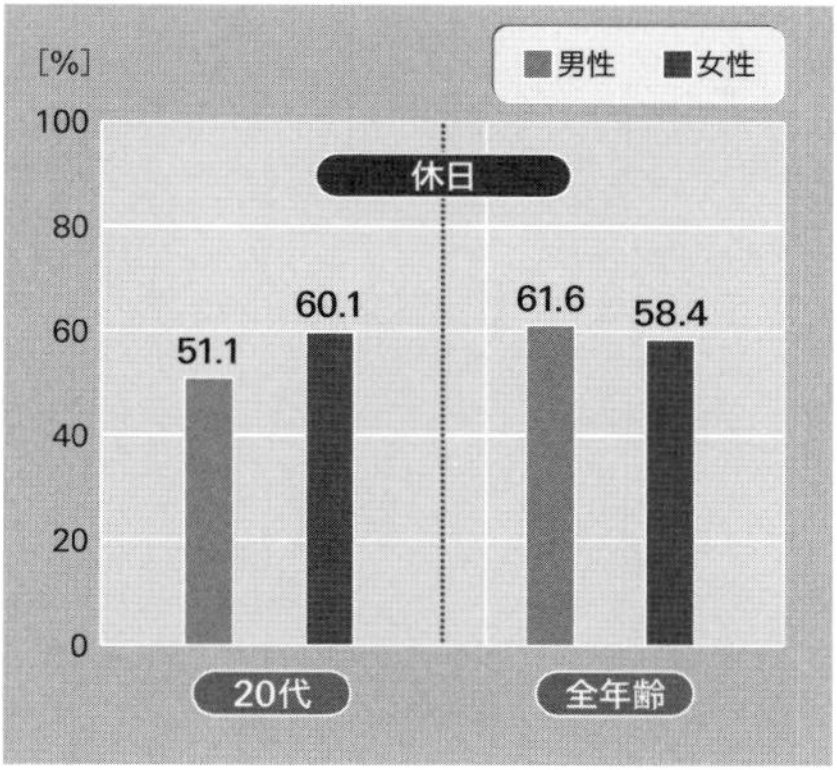

［**図3-3**］休日に外出する男性の割合は20代が70代を下回る。
出典：「全国都市交通特性調査（2015年）」、国土交通省

郊外住宅地は、都心へと通勤・通学する世帯のライフスタイルをターゲットにつくられてきました。とくに、三大都市圏の私鉄は、鉄道沿線に大規模な住宅地開発を行い、そこに暮らす人が都心方向へ通勤・通学することで運賃収入が継続的に得られるというビジネスモデルです。

このような住宅地は、宅地開発時に一斉に同じ年代の世帯が入居することが多く、年を経て現役をリタイアする時期も重なり、急激に高齢化が進みます。リタイア世代の子供が独立し、同居しなくなれば、当然ながらその路線の都心方向への鉄道需要が減少します。すると、いわゆるベッドタウンとして開発された郊外住宅地では、日中でも住宅地内に留まる人が増えるライフスタイルに対応していないこともあり、リタイア世代の生活ニーズにまちが対応できず、また空き家の発生などのスポンジ化の拡大も憂慮されます。こうした住宅地が存在する自治体は、税収減やまちの価値の低下など、歓迎されざる事態に直面しています。

❖次世代の郊外まちづくり（横浜市・東急電鉄）

このような危機感を背景に、横浜市と東急電鉄は二〇一一年に「郊外住宅地とコミュニティのあり方研究会」を立ち上げ、郊外住宅地における課題の解決に向けた検討を進めてきました。検討の結果、郊外住宅地を持続発展させていくためには、高齢者が安心して暮らし続けられる仕組みをつくり、同時に若い世代を惹きつけていく新たな魅力を再構築するハード・ソフト両面の施策を講じていく必要が示されています。

これらの議論を踏まえ、二〇一二年四月、横浜市と東急電鉄では、既存の暮らしやコミュニティを重視しつつ、新たな発想でこれからの時代に合った郊外住宅地に再生させていく「次世代郊外まちづくり」を公民共同で推進する包括協定を締結しました。

これに基づき、東急田園都市線のたまプラーザ北側地区（横浜市青葉区美しが丘一〜三丁目）を第一号モデル地区として、エリアマネジメントやリビングラボ（住宅や企業が参加し、新しいサービスなどの開発を供創する活動拠点）などソフト的な取組みが進められています。

名付けて「WISE CITY（ワイズシティ）」、既存のまちが創りかえられ、良好な住環境とコミュニティの持続と再生が実現した郊外住宅地の将来像が描かれています［図3-4］。「次世代郊外まちづくり」がめざすまちの将来像「WISE CITY」とは、〈Wellness・Walkable & Working〉〈Intelligence & ICT〉〈Smart・Sustainable & Safety〉〈Ecology・Energy・Economy〉の頭文字を取った造語です。

●海外のコンパクトシティ、その移動事例

人口密度がある程度高いコンパクトシティでの移動には、多くの人を一度に運べる鉄道やバスなどの公共交通手段があります。公共交通の一つであるLRT（Light Rail Transit）が注目されています。ＬＲＴは、従来の路面電車が高度化された公共交通で、国内では富山市で既存の鉄道と路面電車を改良・拡充しているのが代表例です。宇都宮市でも、ＬＲＴの新設が始められており二〇二二年、開業が予定されています。その他の都市では、構想はあっても具体的な整備までには至っていません。

一方、自動車の国アメリカでは、ＬＲＴの新規整備が次々と進められています。デトロイトやヒューストンといった自動車産業や石油のまちで知られる都市でも、近年ＬＲＴが整備され、自動車主体から公共交通へのシフトが始まっています。

アメリカでＬＲＴをいち早く導入した都市の一つが、西海岸に位置するオレゴン州最大の都市ポートランドです［写真3-11］。一九八六年に

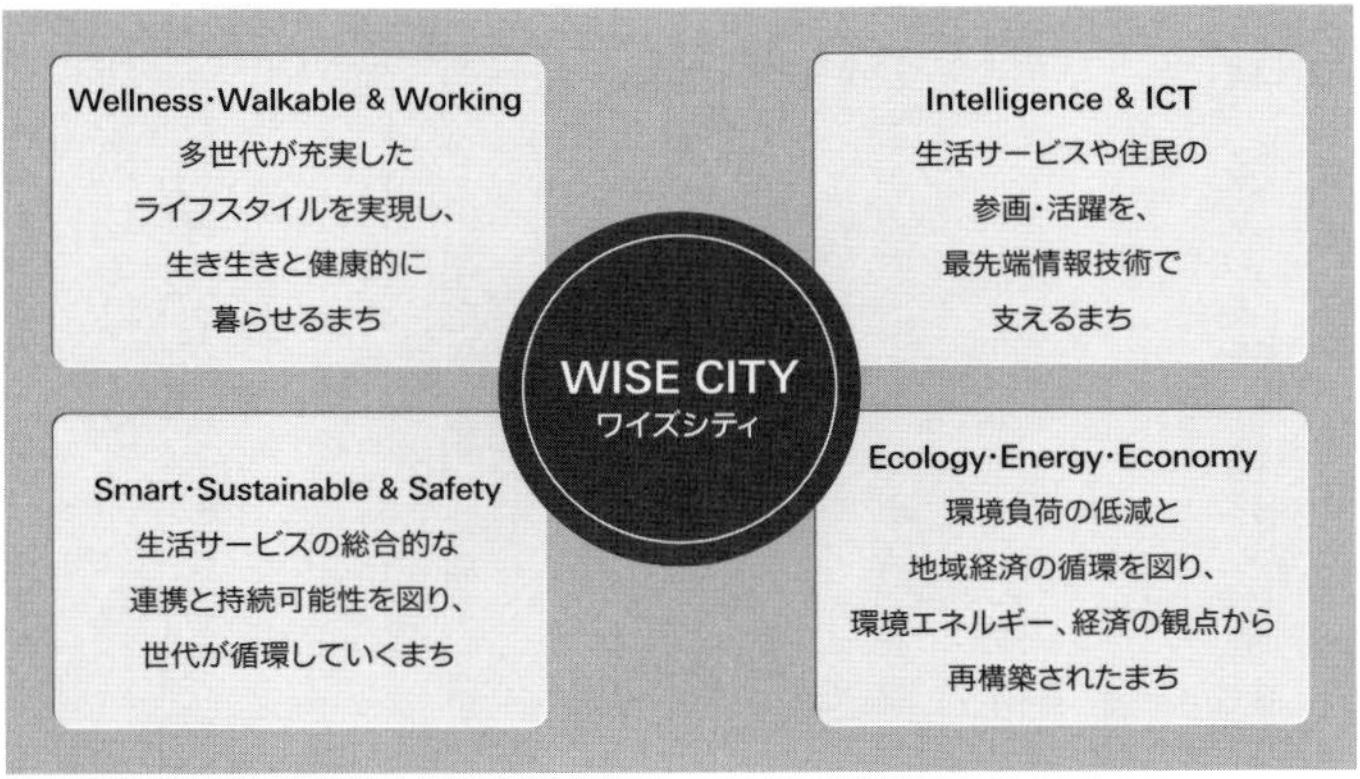

［**図3-4**］「次世代郊外まちづくり」がめざす「WISE CITY」
出典：「次世代郊外まちづくり基本構想2013」、横浜市、東急電鉄

最初のＬＲＴ路線が開業し、現在はＬＲＴ（MAXと呼ばれている）五路線、路面電車（ストリートカー）三路線が走っています。ポートランドは、全米で最も環境にやさしい都市として有名ですが、住みたいまちの上位（US News誌のBest Places to Live in the USAの二〇一九年八位）に選ばれています。

ポートランドでは、開発を認める都市部と認めない郊外を分け、農地や森林を保全すると同時に、都市部では機能がコンパクトに集積し、徒歩、自転車、公共交通などによる移動を基本に計画されたまちづくりが進んでいます。そのまちの移動を支える交通ネットワークがＬＲＴをはじめとする公共交通です。ポートランドでは、トライメット（TriMet）という、公共交通を一元的に運営する公的な機関があり、その財源

［写真3-11］アメリカ、オレゴン州ポートランドの路面電車（ストリートカー）

のうち運賃収入の占める割合は数割で、多くは税金で賄われています。

日本では、公共交通は民間事業として運賃収入による運営が基本となっています。アメリカやヨーロッパの公共交通は、道路や学校などと同様に、収益性で判断するものではなく、地域にどれだけの効果をもたらすかという視点で考えるべきという判断であり、日本と大きく異なります。

以上、コンパクトシティを支える「足」として、公共交通が不可欠だということをわかっていただけたでしょうか。その公共交通には、コンパクトシティの集積度合いに応じた多様な交通手段を導入していくことになります。しかし、すでに述べたように、その手段の維持には公的な支援が必要となる場合もあり、そのための市民の理解・コンセンサスが重要です。

第4章

コンパクトシティの夢をかなえよう

4.1——来たるべき未来への透視図

●暮らす人たち自らのまちづくり

これまで見てきたように、コンパクトシティの「解」は一つではありません。都市の特性や都市がかかえる課題、さらにはめざす将来像などにより、多様なものになるはずです。大都市や地方都市でも、また地方都市であっても、県庁所在地のような中核的都市と中山間地域を多く抱える都市では異なるでしょう。あなたが住む都市では、どのようなコンパクトシティが望まれているのでしょう。あなたはどのようなまちに住み、働きたいですか。

コンパクトシティをつくるためには、第一にその都市の将来像を描きだし、実現するための課題を明確にすることです。そのまちならではの各種の機能に着目し、魅力をさらに活かす「賢い」土地利用や都市の活動を誘導すること。そして、計画に基づき都市をつくり、誰が継続的に担っていくかを決めていきます。

行政主導やインフラなどハード整備を進めるだけのまちづくりでは失敗します。投資余力が減少している行政（公共投資）だけに頼らず、住民も含む民間の力による生産性向上、つまり「稼ぐ力」を引き出す視点が必要です。その都市を使う「ユーザー」の声を十分に反映し、ユーザー自らがまちづくりに動きだすことが、成功への道を開きます。

まちづくりの計画の第一段階では、各市町村により都市計画法にもとづき都市計画マスタープランが作成されます。このマスタープランは、まちづくりの全体の見取り図であり、具体化する手段（規制・誘導など）までは細かく定められていません。マスタープランを実現するツールの一つとしてあるのが、居住誘導や都市機能の誘導の方針や区域を定める立地適正化計画です。しかし、第1章でも触れたように、それらはコンパクトシティの具体化にはダイレクトにつながりません。そもそも都市計画マスタープランや立地適正化計画は全市規模のマクロな計画にすぎません。地区の実情に即したきめ細かな計画や実現手段については、あくまでもそこで暮らす人たち自らの意思が尊重されるべきです。

●人が惹かれる魅力ある拠点づくりを

都市を単純に縮退させるのがコンパクトシティではありません。また高密度に人や機能を一箇所に集約するのでもなく、要は、場所の特性を活かして人を惹きつける、人が中心の歩いて楽しいまちこそが、コンパクトシティであると考えます。

まず提案したいのは、駅前などの拠点を多くしすぎないことです。

数万人規模の小さな都市では、一拠点集中型も効果的です。一方、都市の規模が大きい、つまり人口の二〇～三〇万人以上の都市の拠点は複数となります。ただし地方都市では市域は広くても人口がそれほどでもないことが多く、拠点を多く設定し過ぎると、それぞれの拠点の機能集積が低くなり、拠点としての魅力も薄れてしまいがちです。拠点の数は、その都市の地理的条件、都市形成の歴史的な経緯（例えば、鉄道駅周辺以外に古くからある商店街などがある）、鉄道駅等の分布などの特徴が都市により異なるため、一概には言えませんが、都市内のすべての鉄道駅をコンパクトシティの拠点として位置付けるなどは行き過ぎだと思われます。

多くの地方都市は市街地の密度が高くなく、まして人口減少が進んでいくような都市では、拠点はできるだけ絞り込む方がよいでしょう。中心駅と中心市街地が離れて位置するような地方都市では、シンボルゲートとしての鉄道駅周辺と、諸機能を集積させる中心コアゾーンに区分してメリハリのあるまちづくりが期待されます。何でも有りではなく、また無いものねだりでもなく、拠点を絞り、そこで現在と将来のために何を残すか、何を強化するかを決めてまちづくりに活かすかが重要です。

中心部の拠点での集積と魅力を高めていくためには、費用も施設規模も大掛かりな再開発事業などによる「箱モノ」整備に頼っていては埒があきません。規模が大きく立派な建物がなくても、住民のニーズにマッチし、心地よい場所であれば、おのずと多くの人に好まれるようになります。

そしてまた、中心市街地の拠点性を上げることとは、商業店舗の集積とは異なります。各地でその地域唯一の百貨店も次々に店じまいに追い込まれているように、集積することが、大型・総合的な施設立地であるとは言えません。商業施設や大型施設に偏らない拠点づくりこそが重要であり、望まれているのです。

現在、テレワークといった新しい生活・就業形態が定常化しつつあります。大都市圏などでは、自宅を中心とした生活圏が重視され、これまでの長い通勤時間が不要になるなど、人々の時間価値や移動の概念も変化しているようです。コンパクトシティでは、時間をかけて移動することに見合う拠点の魅力や価値の提供が求められます。

いわゆるハード指向のまちづくりは、ビジョン・方針を策定し、設計・運営など計画段階で時間をかけてつくりこんでゆくというプロセスをたどります。これに対し、規模を大きくせず、つくりながら考えていくことで、適宜内容を修正しながら進めていく方法があります。試みとなるようなアクションを段階的に起こしていくことで、地域との相性を検証することもできます。その反応を踏まえ、実態に合った計画検討など段階的なプロセスを経ることで、その地域のニーズに合致したまちづくりが可能となり、後戻りできないような大失敗を避けることができます。

本書に寄稿いただいた饗庭氏は、東京都国立市で空き家を地域住民と大学が協働して活用に取り組み、カフェ、工房、ガーデン、オフィス、シェアハウスなどとして、地域の拠点形成に取り組んでおられます。また、山形県鶴岡市に多く存在する空き家をまちづくりに活用する取組みなどを推進しています。これらの取組みも地域のさまざまなステークホルダーを巻き込んで、地域との相性を検証しながら最適解を探り、拠点づくりやまちづくりを着実に進めていく方策だといえます。

●パブリックスペースを豊かに

人が集まる場所づくりには、人々が行きたくなる、留まりたくなる魅力をもつ空間デザインが求められます。広場、歩行者空間などの公共空間や、不特定多数が集まる建物内の空間(ビルのアトリウム、ホールやカフェなど皆に開放されている空間)といったパブリックスペースを、魅力ある心地よい空間にしていくことが、まちづくりの世界的な潮流となっています。[写真4-L]は佐賀市で実践されている「わいわい!!コンテナ2」プロジェクトです。空き店舗や多すぎる駐車場を整理することでパブリックスペースとし、まちなかに新たなにぎわいを生みだしている例として注目されています。

都市のユーザーである人々のニーズを踏まえ、機能や意匠に十分配慮したデザインのパブリックスペースの誕生は、コンパクトシティの核となり、人々に新たな出会いや発見をもたら

[**写真4-1**] 佐賀市「わいわい!!コンテナ2」プロジェクト
佐賀市街なか再生会議（佐賀県）が主催し、まちなかで誰もが自由に楽しめる「空地リビング」として好評を得ている。2013年度グッドデザイン賞受賞

すことでしょう。そうした場には、おのずと店舗も増えてきます。

まちの拠点づくりに合わせて、人が住む場所の確保や環境整備も欠かせません。拠点へ行くために自家用車等で長距離の移動をしなければならないのでは、コンパクトシティになりません。また、人の集まる拠点周辺に住民がいないというのでは、人の目が行き届くことによるセキュリティの確保やまちを活性化する地域コミュニティの確保もおぼつかなくなります。多くの拠点は、近くに人が住んでいてこそ魅力が保たれるのです。

新型コロナウイルスのような感染症のまん延防止のためには、人と人との密な接触を避けなければならず、コンパクトシティならではの集積のメリットを活かしつつ、過密となる状況を回避する必要があります。ゆったりしたオープンスペースや換気に気をつかわなくてよい半屋外（たとえば、テラスなど）の空間が利活用されるようになるでしょう。オープンなパブリックスペースは、都市空間の魅力を向上させるだけでなく、感染症などのリスク軽減にもつながるはずです。

立地適正化計画では、居住誘導区域を、都市計画で定められている市街化区域の範囲内に設定することになっています。当然ながら、土砂災害や水害のリスクが想定される居住に適さない区域や、公共交通が不便な区域などは除外されています。さらに、居住に適さない区域のみを居住誘導区域から除外するといった「引き算」の計画にしないためには、居住地の質を向上させる公園などの資源や区画道路が十分に整備されているなどをプラス要素とした、地域の魅力づくりを考慮する必要があります。

●新たな移動手段を探り、交通網を整備

人が集まるまちづくりには、交通網の計画・整備が重要です。たとえば金沢市では、市街地をとりまく環状の幹線道路の整備によって、用事のない自動車が市街地中心部に入り込むことをなくし、人やバスなどの公共交通のための空間を確保しています。市街地の縁辺部には一時あずかりの駐車場を分散配置し、自動車を中心部までは極力入らないようにしています。中心部での移動は公共交通に乗り換えてもらうか、歩いてもらうようにします。こうした方法によって、まちの中心部での自動車交通が少なくなれ

［**写真4-2**］トヨタ自動車が2014年、首都圏で「TOYOTA i-ROAD」のモニター調査を実施した。i-ROADは超小型EVの研究・開発の一環として産まれた。上は走行時。

TOYOTAグローバルサイトより

ば、何車線もある広幅員の道路の再配分もできます。車線の一部を歩道とし、自転車の走行空間を確保するなど、より人を中心に考えたまちづくりにつなげることができます［図4–1］。

高齢社会では、すべての人に歩行や自転車による移動を強いることはできません。鉄道やバスなどの公共交通手段に加えて、より多様な交通手段が求められます。セグウェイ、電動キックボードなどに代表されるパーソナルモビリティ、自動車より小型で一人乗り程度の超小型モビリティなど、新たな技術による手軽な手段で移動範囲を拡張しようという可能性も拡がりつつあります［写真4–2］。

●「住む」だけの場所から身近な「働く」場所に

大都市圏の郊外都市は、千里ニュータウンや多摩ニュータウンのように、ニュータウンというかたちで高度経済成長期に拡大してきました。「ベッドタウン」という言葉が表すように、郊外の住宅主体の都市や地域は、寝るだけのミニマル都市となっているとも言えます。昼夜間人口比率という指標がありますが、これは、常住人口（夜間そこにいる人口、夜間人口ともいう）と、昼間に滞在している昼間人口（常住人口＋地域外からの通勤・通学人口—地域外への通勤・通学人口）の比率をみたものです。昼間人口/常住人口の比が1を大きく割り込んでいる都市がミニマル都市となります。

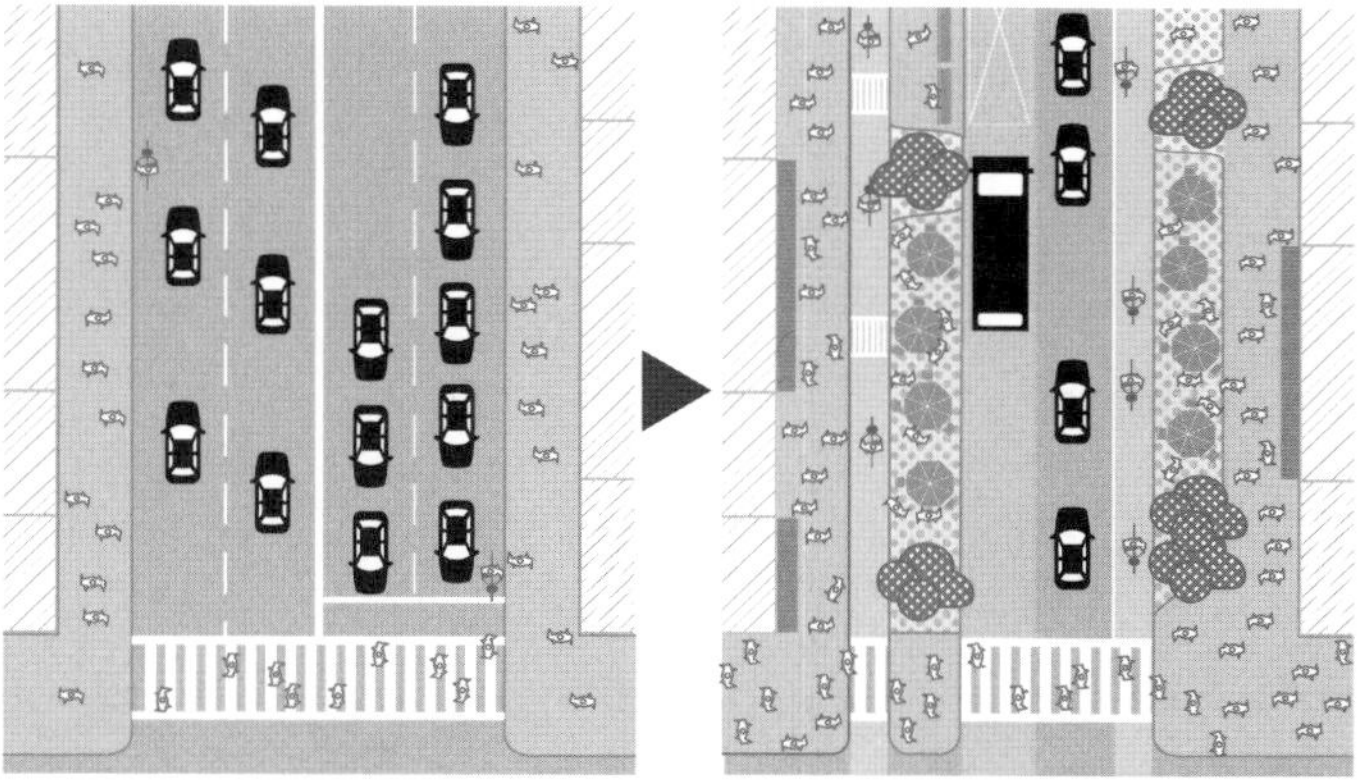

［**図4-1**］自動車中心の道路から多様な交通手段が共存する歩行者優先の道路へ。

千代田区のように常住人口が少なく、昼間人口が圧倒的に多い都市は、昼夜間人口比率は二〇以上ですが、大都市圏の近郊住宅都市では〇・七程度となっています。しかし、これから高齢化が進み、在宅勤務など新しい働き方が増えると通勤・通学による流出人口が減少することから、昼夜人口比率が一に近づいていくと予測されます。これまでは、常住人口の多いベッドタウンでよかった地域でも、昼夜にわたってその地域に留まる人が増えることから、その人たちの昼間のさまざまなニーズに応えるまちづくりが求められ、居住者の地域とのつながりもより緊密になると思われます。

住んでいる場所の近くに働く場所があることもコンパクトシティの利点です。インターネットや高速通信網などの通信技術の発達により、パソコンなどの情報機器を活用して、遠隔地でも仕事ができる時代を迎えています。新型コロナウイルス感染症のまん延の際には自宅でテレワークが急速に普及し、新たな日常になったことは記憶に新しいと思います。テレワークや自宅の近所で働くサテライトオフィスが身近なものとなりました。私の勤める研究所でも、在宅勤務や遠隔地勤務の人が多くいます。郊外の駅近くにサテライトオフィスやシェアオフィスを立地させることで、満員電車に詰め込まれての長距離通勤も必要なくなります。シェアオフィスのように、複数の企業の従業員や個人が一つのオフィスでワークすることにより、新たな出会いやイノベーションも生じています。すべての人が都心に閉じこもりあくせく働くより、緑も多く空気もよい郊外でワークし、気分転換に近くの自然豊かな公園で一息つくなら、作業効率も上がり、豊かな発想力を育むかもしれません。

在宅勤務が普及すると、これまでは住むだけだったまちが働く場所にもなり、一日中滞在するまちになります。自宅だけでなく、近場のサテライトオフィスやカフェなどでテレワークをしたり、昼食のため近くの飲食店に行くこともあるでしょう。さらに、調べものがあれば近所の図書館が便利であることを実感するはず。通勤や打合せのための外出もなくなって運動不足ぎみとなった身体のため、近くの公園でジョギングする人の姿も増えます。まちには多様なニーズが生まれ、さまざまな機能が求められるようになります。

新型コロナウイルス禍をきっかけに、自宅やその近辺でテレワークを実施する人が多くなると、都市機能が適度に集積する身近な拠点や、そこへのアクセス手段が確保されたコンパクトシティが一層重要となります。

必要な機能を集積させるためのストックは、まちのスポンジ化の原因となってきた空地や空き家として点在しています。新たな建設・整備に頼ることなく、まちにすでにあるこれらのストックを活用していくには、その都市の住民・企業の意識や活動がカギとなります。

●まちに活気を生むマネジメント

そしてこうした動きには、量ではなく質の向上を図るために都市を「マネジメント」するという視点が必要とされます。

まちのマネジメントは「エリアマネジメント」と呼ばれています。エリアに関係する住民・事業者・地権者そして行政が協働して、まちのストックを活用し、ハード整備ではなく、ソフト面からまちのにぎわいや魅力を高め、ひいてはそのエリアの価値向上を図る取組みです。

とはいえ、まちのストックを活用するマネジメントを誰がすればよいのでしょう。民間企業の積極的な投資が見込める都市であれば、マネジメント業務を積極的に行う企業もあります。

しかし多くの地方都市の場合は、それぞれの地域の人材育成および優秀な人材確保にかかっています。そうした人材が、まちの将来を築いていく原動力となるはずです。

●シェアリングエコノミー時代の到来

コンパクトシティを形成するうえで鍵となる空き家の活用を進めるには、人のライフスタイルに応じた住み替えのシステムを適用していくことが考えられます。

私が若い頃には「住宅すごろく」という言葉がありました。このすごろくの「ふりだし」は、学生や就職で寮または賃貸アパートの一人暮らしからスタートします。やがて結婚して賃貸アパートや賃貸マンションに住む→子供もできて狭くなったので、お金を貯めて分譲マンションを買う→そのマンションが値上がりしたなら売却し、そのお金で郊外の庭付き一戸建てを購入し、夢のマイホームを得て「あがり」となります。

しかし、夢のマイホームも子供が独立して去っていけば、老夫婦だけ、あるいは配偶者にも先立たれた老人一人暮らしで広い庭付き一戸建てを持て余すことにもなりかねません。ゴールだったはずの郊外の庭付き一戸建てから、近くの駅周辺や都心部のマンションに住み替える人もいます。ライフスタイルの多様化と住宅や土地の「負動産」化により、この住宅すごろくのようなコースはなくなりつつあるのではないでしょうか。

若い頃は車も運転でき、土地や家賃が安くて広いからと、郊外の駅から遠い住宅地に住む人もいれば、平日は通勤先や通学先に近いまちなかのマンション住まいで、休日は緑豊かな地方の古民家に住むというデュアルライフ（二地域居住）の人もいるかもしれません。テレワークの普及により、住み・働く場所の自由度は飛躍的に増進し、二地域居住や多地域居住が促進されるものと思います。

このような多様なライフスタイルに応じた住み替えができれば、空き家の活用も進みます。しかし、現在の住み替えには、いくつかのハードルが存在します。日本では、新築を求める傾向が根強く、中古市場が確立されていません。木造住宅の寿命は三〇年程度とされていますが、しっかりした基礎で良い材を用いて建築された建物であれば、定期的に修繕するなどメンテナンス次第で二〇〇年もつ住宅づくりも不可能ではありません。空き家になっても次の使い手がいるような、中古市場やリフォーム市場の活性化が、こうした動きを後押しすることになります。

必要なモノを購入するのではなく借りる、他人と共有すればよいというライフスタイルが世界的に増えており「シェアリングエコノミー時代」が到来したと言われています。土地や住宅も負動産化のリスクを考える人が増えてくると、所有するのではなく、借りたり、複数人でシェアする方向へとウエイトが移っていくのかもしれません。

地方の山間部などの空き家は、先ほど書いたように、都心と地方の自然豊かな場所を住み分けるデュアルライフに活用することにより、大都市の郊外部への市街地の拡散を抑制し、コンパクトシティの促進につながります。たとえば千葉市のような大都市近郊では、市の都心部と郊外というかたちでの二地域居住もあり得ます。高速道路や新幹線、リニア中央新幹線などの広域高速交通網を活用すれば、（コスト面は別として）大都市と地方の二地域居住も容易になり、地方の空地・空き家の解消につながっていきます。

●インフラのスマートシティ化として取り組む

繰り返しますが、単に機能や人口が集積するだけがコンパクトシティではありません。拠点の魅力の向上や使い方にポイントがあることを説明してきました。使い方の観点からはコンパクトシティの真の形成には、新たな情報通信技術などを活用した都市のマネジメントこそが要となります。

現在、ビッグデータの活用やIoTといった新たな技術により、社会や生活が変化してきています。ちなみにIoT（Internet of Things の略）は、さまざまなモノ（センサーや各種機器類）がインターネットに接続され通信することです。まちづくりにおいても新たな技術を活用した取組みが進みつつあり、都市のマネジメントを、計画、インフラ整備、システム管理・運営などのそれぞれのフェーズに取り入れることにより、コンパクトシティの全体最適化を図ろうとしています。最近話題のスマートシティ化は、コンパクトシティにも不可欠の要素です。たとえば、携帯電話の位置情報などのビッグデータから、特定エリアの人の集まる状況を時刻別に把握できるなら、拠点整備の計画に活用することができます。より精緻で最適なまちづくりが可能となるほか、刻一刻変化する人の動きをリアルタイムで把握して、地下街などの空調を最適化したり、災害時などの避難誘導に活用することもできます。

昨今の新型コロナウイルス禍では、大規模ターミナル駅周辺の人の動きが何割減少したなどと報道されていますが、これもビッグデータを活用して状況を把握したものです。密度の高い都市（拠点）では、新たな技術の活用により最適な制御・マネジメントが円滑に行われます。

後で詳しく述べますが、自動運転などの交通に関する最新技術の導入も、コンパクトシティを進めていくうえで欠かせない要素です。

日建設計総合研究所の川除隆広理事による『ＩＣＴエリアマネジメントが都市を創る――街をバリューアップするビッグデータの利活用』には、ビッグデータを活用したまちづくり、エリアマネジメントのさまざまな取組みが紹介されています。スマートシティについては、このＮＳＲＩ選書の山村真司著『スマートシティはどうつくる？』（いずれも工作舎刊）に詳しく書かれています。

◉コンパクトシティへの道をもっと身近なものに

コンパクトシティが成立するためには、住み、集まる場所の魅力を高めることが第一であると、本節の冒頭で述べました。人が住み集まれば、その集積をターゲットとした商業施設や業務施設など都市機能も集積し、持続的にコンパクトシティが形成されていくことになります。住んでみたい、行ってみたいというまちになるためには、皆にその魅力を知ってもらい、行動してもらわなければなりません。そのためには何が重要なのでしょうか。

まず、地域のまちづくりを担う自治体が、こんなコンパクトシティにしたいというプランを公表し、「都市計画マスタープラン」や「立地適正化計画」を策定、周知します。これら計画の策定主体は自治体ですが、その都市のユーザーである、地域に暮らし働く人々のニーズや意向が反映されている必要があります。また、計画の内容や意図をユーザーに理解してもらい、住む場所を決めたり移動手段を選ぶなどの際に、コンパクトシティを理解して行動してもらうことが重要です。

このため、コンパクトシティの計画づくりは、ユーザーである住民参加が不可欠です。自治体にとっては「住民＝住民登録している市民」となりますが、都市を使う人は住民だけではなく、そこに働きに来ている人や事業を展開している企業なども含まれるので、これらの人々も参加した計画づくりが望まれます。計画づくりの過程は、地域の広報紙やホームページで周知を図り、多くの人に関心をもってもらいます。立地適正化計画などの作成をとおして、地域がめざす姿（ビジョン）を再構築し、地域力を向上させる魅力づくりにつなげていければよいと考えます。

都市計画マスタープランや立地適正化計画は、行政が勝手に作るもので、一般の人々は関係ないと思われがちです。しかし、コンパクトシティの形成に向けた各種計画は、行政と住民、企業など都市のユーザーやまちづくりのプレイヤーが協働してマネジメントを進めていくためのビジョンであり指針です。つまり、誰もが身近に感じられるまちづくりでなければなりません。

とはいえ役所でも、このような計画づくりは、多額の予算を使う具体的な事業にくらべて重要性が認識されづらいというジレンマがあります。私も多くの自治体の計画づくりに関わってきましたが、策定のための予算もマンパワーもわずかなことが多く、「重要な計画なのに」と役所の担当者も苦労しています。住民を巻き込み、広く理解を得ていくためには、もっとリソースをつぎ込んで時間をかけて計画していくべきなのだと思います。

4.2——コンパクトシティ形成の進め方

●集約エリアに引き込む「プル」と「プッシュ」の方策

人口減少、自治体財政への負担、社会的コストの増大など、新たなスプロール（市街地の拡大やにじみ出し）の抑制のために、コンパクトシティの形成が求められています。しかし、将来は人口減少・高齢化が進み、公共交通も利用できなくなるとはいえ、人が住んでいるところを今すぐ居住禁止エリアとしたり、強制的に移住させることなどできるはずもありません。国も自治体も台所事情が厳しければ、多額の補助金のような経済的なインセンティブは難しく、その他の方策に知恵を絞っていくしかありません。

そこで、コンパクトに集約するエリアに引っ張ってくる（Pull）方策と、移転を促す縮退方策（Push）、その両面からの推進が考えられています。

魅力の高い地区への移転方策として、

❶——これまで説明したように、拠点など人の集まる場所の魅力や住みやすさを向上させる。

❷——空き家など既存ストックの流通促進のための不動産情報や中古市場を活性化さ

せる。また、土地や建物の一時取得、暫定保有の主体を設けることも考える。
❸――住み替えなどに対して、優遇・補助制度（減税、家賃の一部補助、建設の一部補助等）
❹――都市計画・建築制限の柔軟な適用を図る。

住宅地の魅力向上方策として、
❺――空地・空き家を柔軟に活用するための取組みを進める。
❻――住宅地のエリアマネジメントを進める。
❼――利便性を向上させる商業施設などを立地誘導する（都市計画による誘導、空き家のリノベーションなど）
❽――行政や住民も協調してニーズに合った公共交通を確保する。

定住に好ましくない地域からの移転を後押しする方策として、
❶――災害のリスク情報（ハザードマップ等）だけでなく将来の生活サービスの低下、定住リスクを評価する情報の提供
❷――課税の仕組みを活用する。（固定資産税、都市計画税、相続税）地区の維持費用の増大を抑制するための税や負担金（便益と行政コストの差を負担する。受益者負担）
❸――所有地を担保とした年金の給付（福祉施策と連携した、リバースモーゲージ等）

●民間の担い手による地域の課題把握と施策

施策の展開において、経済原理に基づく持続可能な方策を主体的に提案し実行できるのは民間の担い手にほかなりません。世帯数の減少等により住宅・宅地の総需要の減少が見込まれるなか、コンパクトシティ政策と連携した住宅・宅地の需要喚起・創出と供給の立地誘導を図る手法が施策に盛り込まれる必要があります。

たとえば、多くの地域で不動産の需要と供給のマッチング不足が低未利用地の発生要因となっています。これらを回避するには、中古住宅ストックや空地の流通性を向上させる市場の確立が待たれます。

集約エリアへのプッシュとプルの方策だけでなく、非集約エリアでの対応も合わせて行う必要があります。非集約エリアでは、都市的土地利用と農業的な土地利用等をどのように調和させるかも検討課題として挙げられます。

次に市街地類型に応じた対応策を例示します［表4-1］。これらを踏まえ、各計画の実行性を高める方策を講じていくことが重要です。

●自治体の垣根を越えた取組みが必要

コンパクトシティを実現するための計画や取組みは、多くの場合、一つの自治体だけでは実効性が確保できません。たとえば、コンパクトシティの拠点に立地を誘導したい大規模な集客施設（大型店舗、ホールなど）があるとします。しかし、地域の自治体ごとに同じように誘導するのでは、全体の適正配置とはなりません。

実際に人口減少・高齢化を背景にかかえた多くの地域で、鉄道路線を軸に、その沿線自治体が必要な都市機能を分担・連携する必要性が増大しています。

姫路市を中心都市とした中播磨圏域（姫路市、たつの市、太子町、福崎町）では、沿線自治体や交通事業者からなる勉強会・協議会を設立し、協議を重ねてきました。その結果、二市二町においてそれぞれの役割分担や連携を前提に、立地適正化の方針を策定しました。大規模店舗、専門学校、救命救急センターなど、広域から人を

市街地類型	住宅地の抱える課題	施策（例）
低密度な住宅地（都市中心部に近い）	高齢者等の買い物等生活利便性の低下が懸念される	隣地統合など、所有と利用の分離を通じた空き地等の利活用
住宅団地（面的に開発された住宅地）	一斉に深刻な空き家化が進むおそれがある	公共投資などによる減築や緑化
スプロール市街地（郊外に無秩序に拡大した市街地）	管理水準の低下した空き家等が今後増加するおそれがある	緑地、農地など自然的な土地利用に戻す
限界住宅地（人口減少、高齢化が進む）	極端な低密度化により荒廃の進むおそれがある	地域の維持存続の意思を踏まえた、地域コミュニティへの管理委託

［**表4-1**］市街地類型に応じた対応策

集める広域都市機能集積地区を姫路駅周辺とし、その他の拠点（姫路駅以外の鉄道駅や各自治体の役場周辺）を地域都市機能集積地区として、姫路駅周辺と役割分担および連携により相互補完していくこととしています。

自治体の垣根を越えて、都市機能の役割分担や連携を位置付けるのは、合併でもしない限り現実的には難しいのですが、中播磨圏域の取組みは注目に値します。

4.3──技術革新でコンパクトシティはいらなくなる⁉

●自動運転社会が変えるまちの姿

そう遠くない将来、自動運転やカーシェアリングが普及すると、バスや鉄道のような公共交通が今ほど必要なくなるのかもしれません。すると、公共交通と連携したコンパクトシティの必要性も薄れることになるのでしょうか。人々はどこに住んでも自由に行動でき、リモートワークやインターネット通販などで買い物することで中心部へ行く必要もなくなり、コンパクトシティである必要はなくなるのでしょうか。

自動車の完全自動運転やライドシェア（相乗り）が普及すると、自動車の運転ができない高齢者でも好きな時に自由に移動できるようになります。そうなれば鉄道・バスといった公共交通を軸にしたコンパクトシティは必要ないとも思われます。しかし、完全自動運転が実現するには、まだ解決すべきハードルがいくつもあるというのが現実です。とくに既成市街地では一般車との混在が大きな課題です。

自動運転を前提としていない現在の道路や駅前広場といった都市基盤では、乗り降りや利用者待ちのための停車車両が道路や駅前広場のスペースを占用し、慢性的な道路渋滞を引き起こしかねず、自動運転に対応した都市基盤の再整備が必要です。

技術が進展し、自動運転やテレワークが一般的になったとしても、前述のように、さまざまな都市機能やオンラインで代替しにくい「リアル」な場を、身近な拠点に集積させることが望まれます。ただし、過密や混雑を回避し、ゆとりと魅力ある都市空間とするためには、自動運転なども活用しつつ、人流や滞在状況をミクロな空間単位で把握し、適切な誘導をリアルタイムでマネジメントする、ＩＣＴやビッグデータを活用したスマートなコンパクトシティの形成をめざすことが重要です。

人口密度が高い都市部では、やはり一台で多くの乗客に対応できる公共交通を中心とした移動手段も必要とされるでしょう。公共交通、とくにバスは、現在、運転手不足（運転手の高齢化、なり手の不足など）という大きな課題を抱えていますが、自動運転により、この課題は解決できます。そのため、多摩ニュータウンや三木市では、自動運転車を利用したバスの実験を行うなど、実用化が待たれています。

都市部のように集積が見られない地方では、個別利用の自動運転車が普及すれば、市街地がさらに拡散するものと考えられます。ただし第1章で述べたように、人口減・少子高齢社会において、ただでさえ低密な市街地がさらに広がり、道路・橋梁、ライフラインの維持・管理がより一層困難になることも容易に想像できます。

公共交通がなく高齢化が顕著な過疎地や中山間地域での自動運転に対するニーズは高く、こうした交通量が少ない地域で最初に実現するかもしれません。縮退（移転）の必要性もなく、MaaS（Mobility as a Service）を活用することで最適な交通手段やルートの選択ができます。MaaSとは、ICTを活用して、公共交通やシェアサイクル、自動車の相乗りなどさまざまな交通手段によるモビリティ（移動）を一つのサービスとしてとらえ、シームレスにつなぐ新たな「移動の概念」です。さらに、自動運転による無人の移動販売車ができれば、いろいろな店舗が家の近くにまで来てくれるかもしれません。モビリティとまちづくりについては、NSRI選書の安藤章『近未来モビリティとまちづくり』に詳しく書かれています。

インターネットショッピングや、ICTを活用した在宅勤務や遠隔診療など、新たな技術により、そもそも人間が移動する必要がなくなるのではないかと思われるかもしれません。しかし、そのような世界だからこそ、「リアルな場」がより重要でもあります。フェイス・ツー・フェイスがイノベーションに不可欠とされています。集まって住む、働く、交流することが価値を持つ世の中になれば、ひきこもりの人の外出促進になると考えるのは安易でしょうか。

自動運転社会に対応した、拠点整備や道路整備も必要となります。交通結節点での自動運転車の乗降場所の確保・ルール化、路上での乗り降りのスペースなどの整備も同様です。駅や大規模集客施設など、人の集まる場所での自動運転車対応が課題となるはずです。

コンパクトシティ政策は、「交通アクセスについて日常生活での移動が短くなり、クルマの代わりに徒歩・自転車で移動できるといった利点はありますが、より多様な視点、健康や社会的つながり、コミュニティの共創・維持など総合的な観点からの検討が重要だ」とする指摘もあります。（太田勝敏、IBS Annual Report 研究活動報告 2017）

4.4――みんなの気持ちを動かすために

コンパクトシティを具体化するには、「強制的に移住させる（規制）」、「経済的な方策（補助金、税金優遇など）」、「お願いする（誘導、勧告など）」が考えられます。ただし現実的にはハードルが高かったり、効果が薄かったり……。特効薬はないのですが、これらを進めていくためには、みんなの気持ちを動かすことが近道なのかもしれません。

●コンパクトシティの効果や魅力を伝えよう

たとえば、集約することのメリットを数値や絵で示すのもよいでしょう。都市計画だけでは、集まって楽しい、魅力的なまちにはならず、空間のデザインやそこでの活動や交流の場づくりに至って初めて現実味をおびてきます。

全国の主要な自治体が発起人として結成されたコンパクトなまちづくり推進協議会（オブザーバー国土交通省）では、「コンパクトなまちづくり大賞」（二〇一八年度まで都市計画協会が実施した「コンパクトシティ大賞」を引き継いで、二〇一九年度から選定）を発表しています。第一回の大賞は、藤枝市、西脇市が総合戦略部門で選定されています。

国土交通省でも二〇一七年から毎年「コンパクト・プラス・ネットワークのモデル都市」を選定しています。二〇一九年までに二六都市が選定されています［表4-2］。これらのモデル都市は、次のような観点から選定されています。

・都市が抱える課題を十分分析し把握している
・持続可能な都市としてめざす将来像が明確
・立地適正化計画をツールとして、どのような政策課題を解決しようとしているかが明確
・定量的な目標値、成果の設定がなされている
・政策課題に応じた関係部局等を動員して政策課題の解決にあたっている
・具体的な民間事業者と連携した取り組みがなされている
・以上の視点を十分踏まえた上で、誘導区域の設定検討が丁寧になされ、適切かつ絞り込まれた区域設定になっている

モデル都市（第1弾）
青森県弘前市
山形県鶴岡市
新潟県見附市
石川県金沢市
岐阜県岐阜市
大阪府大東市
和歌山県和歌山市
山口県周南市
福岡県飯塚市
熊本県熊本市
モデル都市（第2弾）
青森県むつ市
千葉県柏市
長野県松本市
富山県黒部市
静岡県藤枝市
福井県大野市
大阪府枚方市
広島県三原市
香川県高松市
福岡県北九州市
長崎県長崎市
モデル都市（第3弾）
富山県高岡市
愛知県岡崎市
兵庫県西脇市
中播磨圏域
山口県宇部市

［**表4-2**］コンパクト・プラス・ネットワークのモデル都市一覧

●コンパクトシティのメリットを明快に

私が所属する日建設計総合研究所（NSRI）では、「不動産周辺環境の評価指標『Walkability Index』を開発しました。東京大学空間情報科学研究センター不動産情報科学研究部門（清水千弘特任教授）の監修のもと、「徒歩での生活しやすさ」を、都市ビッグデータから数値化し、ビジュアルに示す画期的な試みです（カラーページ［5］参照）。

ここでいう『Walkability Index』とは、ある地点から徒歩で到達できる範囲に、スーパーやコンビニ、カフェ、飲食店といったさまざまな都市アメニティがどれだけ集積しているかを評価する指標です。この指標は、株式会社ゼンリン提供の各種データおよび都市に関するオープンデータを用いて算出したものであり、全国の市街化区域を対象に指標の提供を予定しています。

この指標を活用することで、徒歩圏の生活利便施設の集積等を評価するなら、コンパクトシティのメリットが直観的に把握できます。

『Walkability Index』の特長は主に次の三つです。

・不動産の周辺環境を数値でわかりやすく可視化することで、これにより、初めて訪れるまちでも周辺環境が直感的に把握しやすく、今住んでいるまちとの比較も容易にできる。
・徒歩で到達できる範囲のアメニティの集計は、詳細な歩行経路データが使用され、直線距離を用いた場合と比べ、より実態に近い。
・50m四方のエリアごとに点数を算出し、同じ駅の周辺でも場所による差を表現できる。

さて、あなたが暮らすまちのWalkability Indexは、どんな数値を浮かび上がらせるでしょう。

●市民とともに考え、真の理解を得る

あるとき、私が作成を手伝っていた自治体の立地適正化計画の説明会が開かれました。市内をいくつかの地域に分け、地域ごとに説明会を開催し、市役所の職員からコンパクトシティをめざすための立地適正化計画の必要性や内容が説明され、質疑応答を行うことになっていました。

ところが残念なことに説明会の参加者は少なく、地域によっては、参加者が数名で説明側の職員の方が多いこともありました。そのような人気のない説明会で、市側の説明後に上がった市民の意見は、「コンパクトシティの必要性は理解できる。なぜこんな重要なことを今まで市民に説明しなかったのだろう。こんなに重要な計画なのに市民の参加が数名では残念だ」といったものでした。

固い内容の立地適正化計画の話が、果たして市民の興味を引くのか、……難しいのかもしれません。しかし、行政や私たちコンサルタントも、市民の方々にもっと興味を持ってもらう努力をすることが重要だと感じました。

私たちも計画内容の説明には、難しい専門用語を避け、なるべく平易にと心がけてはいるのですが、コンパクトシティの概念などを語る際も、なぜか難しくなってしまいがちです。たとえば、このまま何もしないまちの未来と、コンパクトシティをめざして動き始めた場合の未来とを比較して、これからどんな生活をしていくかを考えてもらうなど、工夫をこらす必要があります［表4-3］。また前出の「Walkability Index」の図のように視覚的に訴えるのも有効です。

筑波大学の谷口守教授は、コンパクトシティ政策で求められているのは、「人」をサポートするための仕組みであると語っています。知識不足や市民の無理解という障害も大きいが、「人」が配され対処することで解決が図られるはず、自治体における異なる部署間の横のつながりも重要であると指摘されています。

	なにもしない場合	コンパクトシティをめざした場合
都会	• 密集市街地の高齢化がどんどん進み、建物の更新もなく、スラム化、地震が来たら壊滅	• 古い戸建てや木造アパートが共同化してマンション、道路も広場も増える。 • 買い物にも子育てにも便利で若い人たちも移住してにぎわいと活力が戻る。 • 地価の高い都心では、さまざまなシェアリングで老いも若きも活躍している。
郊外	• 高度成長期にまとまって建設された、戸建て住宅や団地が、高齢化と空き家の発生で「スポンジ化」が進む。 • 駅遠の住宅地はバスもなくなり、高齢者にとって陸の孤島になる。 • 商業施設は、車利用前提の幹線道路沿いに立地。バスもないので、高齢者や未成年は自分だけでは行けない。 • 駅前は歯抜け商店街で活気もない。	• 隣接する空地・空き家区画を二個一化して広い庭付き住宅に若い子育て層が移住。 • 駅遠バス団地では、高齢者の駅近への移住が進む。住民の負担でバスを運行する住宅もある。IT活用した相乗りや自動運転バスもある。 • 駅前にバスターミナルもあり、便利な駅周辺に商業施設が集積。宅配サービスなど高齢者にもやさしい。 • 地産地消ショップもある。
地方	• 駅周辺から商業施設がなくなり、人もいなくなった。 • 空きビルも増えて、シャッター街になり、犯罪も多い。	• いつも人が集まっている駅前、センターがある。学生、高齢者、子育て家族も集まる。 • 商業施設だけではなく、パブリックスペースが充実している。 • 空き店舗をリノベーションして若い人たちが小さい店や居場所を提供
中山間地域	• 高齢者が無理に車を運転して事故が多発。 • 荒廃した農地や山林が多く、災害が多発。	• 住民と行政が協働して「小さな拠点」を形成。 • 縮退するところも出るが、農家民宿などでも活用される。

［**表4-3**］まちの未来予測

この本の仕上げに取りかかった二〇二〇年の前半は、新型コロナウイルス感染症の世界的流行により、世界の多くの都市が封鎖されるという未曾有の事態に見舞われていました。人々は自宅に閉じこもり、街に出て集うことなどもってのほか、という状況です。

日本でも、不要不急の外出の自粛や「三つの密」の回避が徹底的に求められました。「三つの密」の一つは、多くの人が密集する場所を指します。巻頭言で饗庭先生が書いてくださったように、人が集中することによる過密の弊害を解消することこそが、都市問題における歴史的な課題であって、このたびのパンデミックによってその必要性が改めて認識されました。

コンパクトシティは、言うまでもなく単に高密を求めるまちづくりではありません。本書で述べてきたように、交通手段や都市のマネジメントなどにより、地域の特性に応じた機能が集積するコンパクトなまちをめざすものです。

感染症のパンデミックは、人と人の密な接触を回避するため、私たちの生活や仕事のありようを見つめなおす絶好の機会ともなっています。ＰＣを活用したテレワークなどによる在宅勤務やインターネット通販など、人が集まらなくともよい生活様式への転換が進みました。私自身も二か月を超える期間、在宅勤務となりました。打合せもウェブを活用したリモート会議となり、対面で人と話す機会は皆無となりました。毎日の通勤が不要になることはよかったのですが、次第に家庭では仕事に集中できないとか、コピー機等の設備もないという不便を感じるようになりました。

通常時の在宅勤務でも、家庭では集中できないので、わざわざ駅前のカフェに行き作業をするという人もいると聞きます。では、最寄り駅や近辺のまちなかにシェアオフィスやサテライトオフィスがあったらどうでしょう。ほどよい緊張感があって、リモートワークもはかどるのではないでしょうか。こうした機能を取り入れながら、コンパクトシティの拠点を最適化していくことが求められているのだと思います。

新型コロナウイルス感染症の対応として「行動変容」という言葉をよく耳にするようになりました。行動変容はコンパクトシティ形成を進めるうえでも重要なキーワードです。

これからは、ビッグデータの活用などにより、リアルタイムで都市の局所的な過密や混雑などが把握できるようになります。道路状況だけでなく、これらの技術を観光地の混雑、災害時の避難判断等に活用することで都市を最適化していくこともできるようになるでしょう。

ウイルスの脅威を意識することから、今はいかにウイルスとの共存の道を見つけていけるのかが、人類にとっての大命題となっています。期せずして、私たち人間の想像力が試される時に立ち会っているのだと思わずにいられません。
最後に、この本の上梓まで辛抱強く付き合ってくれた同僚の木村千博さん、そして工作舎の田辺澄江さんに深く感謝の意を表します。

竹村　登

二〇二〇年九月

❖参考文献

＊――饗庭伸『都市をたたむ――人口減少時代をデザインする都市計画』（花伝社、2015）
＊――広井良典『人口減少社会という希望』（朝日新聞出版、2013）
＊――東京都都市整備局『都市づくりのグランドデザイン』（東京都、2017）
＊――飯田泰之ほか『地域再生の失敗学』（光文社新書、2016）
＊――入山章栄『世界の経済学者はいま何を考えているのか』（英治出版、2012）
＊――野澤千絵『老いた家　衰えぬ街――住まいを終活する』（講談社、2018）
＊――木下斉『凡人のための地域再生入門』（ダイヤモンド社、2018）
＊――宇都宮浄人『地域再生の戦略』（ちくま新書、2015）
＊――姥浦道生「新都市」平成二九年九月号（都市計画協会、2017）
＊――山口敬太、福島秀哉ほか著・編『まちを再生する公共デザイン』（学芸出版、2019）
＊――国土交通省　資料「まちづくりにおける健康増進効果を把握するための歩行量（歩数）調査のガイドライン」（2017）
＊――国土交通政策研究所報第69号2018年夏季（国土交通政策研究所長　露木伸宏「MaaSについて」）
＊――太田勝敏「IBS Annual Report 研究活動報告 2017」

［著者紹介］

竹村 登［たけむら・のぼる］

日建設計総合研究所 理事。大阪大学大学院工学研究科環境工学専攻修士課程修了。一九八七年に日建設計入社。都市計画・都市ビジョン等策定支援、防災まちづくり、都市・地域活性化のコンサルティングほか、環境まちづくり計画等策定などの支援に携わってきた。
「持続可能性」、「地域の元気」、「安全・安心」をいかにして都市・地域づくりに実現していくかをテーマに、都市や環境まちづくりのマスタープランや地域活性化に関する調査研究、計画策定支援に注力している。都内に暮らし、職住接近を実践。技術士（建設部門・都市及び地方計画）認定都市プランナー（総合計画、土地利用計画）。大阪府出身。

コンパクトシティはどうつくる？

NSRI選書——005

発行日——二〇二〇年一〇月二〇日
著者——竹村 登［NSRI：日建設計総合研究所］
エディトリアルデザイン——佐藤ちひろ
制作協力——木村千博［NSRI］
カバーイラスト——川村易
印刷・製本——株式会社精興社
発行者——岡田澄江
発行——工作舎 editorial corporation for human becoming
〒169-0072 東京都新宿区大久保2-4-12-12F
phone: 03-5155-8940 fax: 03-5155-8941
URL: https://www.kousakusha.co.jp
E-mail: saturn@kousakusha.co.jp
ISBN978-4-87502-521-4